Stevia – gesunde Süße selbst gemacht

Anzucht I Wirkung I Rezepte

PETER, MONIKA UND
THORSTEN KLOCK

Was Sie in diesem Buch finden

Süße Verführung

Wer eine besondere Ausstrahlung hat, einen charismatischen Charakter besitzt, dem fällt es oft schon deswegen leicht, andere für seine Ziele zu begeistern, sie zu verführen. Steviasüße hat zwar keinen Charakter, aber sie wirkt verführerisch auf die Sinne. Sie macht glücklich, zufrieden – eben eine süße Verführung. Genau so wie Zucker, nur besser – sprich gesünder.

Stevia – Karriere einer Pflanze

Kaum eine Pflanze hat in der jüngeren Vergangenheit in Europa so viele Menschen interessiert wie *Stevia rebaudiana*. Noch Mitte der 1990er Jahre war Stevia ein Geheimtipp, nur in einem speziell interessierten Kreis bekannt. Damals schon war die Steviapflanze in den tropischen Gewächshäusern der Universität Kassel-Witzenhausen in Kultur, nur ahnte noch niemand, welche Bedeutung diese recht unscheinbare **Asternverwandte** nach knapp 20 Jahren bei uns erlangen würde. Sie befand sich dort sozusagen noch in den Startlöchern.

Erste Exemplare aus Kassel-Witzenhausen fanden in den Gewächshäusern der Autoren ihre neue Heimat. Optimale Kulturbedingungen wurden daraufhin ermittelt und sie wurde, nachdem sie reichlich Blätter gebildet hatte,

Stevia – das Kraut der Zukunft.

Geschmackstests im Selbstversuch unterworfen: mit beeindruckenden Ergebnissen. Die extreme Süße vornehmlich der unteren Blätter der Steviapflanze war doch überraschend, obwohl bekannt war, dass es sich dabei um das »Süßkraut« aus Paraguay handelt. Fortan war das im Garten der Autoren wachsende Kraut die Pflanze der Begierde – jedenfalls dann, wenn von ihren Qualitäten berichtet wurde. Und sie ist auch weiterhin hochbegehrt; allerdings mit dem Unterschied, dass sie es jetzt auch in vielen weiteren Ländern Europas ist.

Natürlich süß

Dieses Buch berichtet von der Zuckerpflanze *Stevia rebaudiana* sowie von dem aus ihr gewonnenen Süßstoff Steviolglykol oder **Steviosid**. Letztere Bezeichnung steht heute für eine Mischung aus verschiedenen Verbindungen, die der Pflanze ihre hervorragende und einmalige Süße verleihen.

Wenn im Folgenden von Stevia bzw. Steviasüße die Rede ist, ist damit das Süßungsmittel Steviosid gemeint. Wenn von einzelnen Teilen der Pflanze die Rede ist, wird an entsprechender Stelle darauf hingewiesen. Solange die Zuckerpflanze oder der aus ihr gewonnene Süßstoff nicht in allen Staaten erlaubt ist, beziehen sich die Hinweise zur Nutzung und zum Verzehr nur auf Länder, in denen eine entsprechende Zulassung vorliegt bzw. in denen die jeweilige Verwendung legal ist.

Pflanzenschätze aus der Natur

Die Natur bietet den Menschen eine Vielzahl von Pflanzen, die ganz besondere Vorzüge besitzen. Abgesehen einmal von den Gewächsen, die zur Ernährung dienen, gibt es viele weitere Pflanzen, deren unterschiedliche Inhaltsstoffe z. B. Gefühle wecken und sie ansprechen können, Genussempfindungen auslösen oder gar, wegen ihrer intensiven und angenehmen Wirkungen, zu dauerhaftem Verlangen führen. Die Nutzung von Pflanzen kann sich positiv oder negativ auf den Konsumenten auswirken, kurz- oder langfristig.

Heute ist häufig von Trendpflanzen die Rede und damit sind keine neuen beziehungsweise neuentdeckte Arten gemeint, sondern solche, deren besondere, positive Eigenschaften erst ganz aktuell der Allgemeinheit bekannt werden. Manche von ihnen hatten zwar schon Jahrhunderte lang regional eine herausragende Bedeutung, der übrigen Menschheit aber blieben sie und ihr wirklicher Nutzen aber verborgen.

Goji für ein hohes Alter

Ein ganz typisches Beispiel dafür ist die chinesische Gojipflanze, die bei uns seit über hundert Jahren als Gemeiner Bocksdorn oder Teufelszwirn *(Lycium barbarum)* bekannt ist. In China wird ihr ein sagenhaftes Wirkungsspektrum nachgesagt und ihre Früchte, die Gojibeeren, gelten als Super-Nahrungsmittel (»Superfood«). Ihr regelmäßiger Verzehr soll der Grund dafür sein, dass die Chinesen, bei denen sie häufig

gegessen werden, ein besonders hohes Alter erreichen, und das bei ausgezeichneter Gesundheit. Die Inhaltsstoffe der Gojibeere sollen denen entsprechen, die auch in der Ginsengwurzel enthalten sind. Neuerdings überschlagen sich die positiven Nachrichten: Enorm reich an Vitaminen, Mineralien und Spurenelementen, dadurch sind freie Radikale chancenlos…

Irrtümer der Wissenschaft

In Europa galt der **Bocksdorn** immer als Giftpflanze. In einem Botanischen Garten in Deutschland steht er gar in einer Abteilung, in der besonders giftige Pflanzen vorgestellt werden. Warum werden Pflanzen so unterschiedlich bewertet? Im Jahre 1890 schrieb Friedrich Siebert in seiner Dissertation, *Lycium barbarum* enthalte in allen Pflanzenteilen besonders giftige Alkaloide, vornehmlich das in Nachtschattengewächsen vorkommende **Hyoscyamin**. Und diese Erkenntnisse wurden von Autor zu Autor ungeprüft übernommen, sodass die tatsächlich sehr gesunde Pflanze aus der Schatzkammer der Natur noch heute vielerorts als lebensbedrohlich gilt.

Ein weiteres Beispiel ist der **Teebaum** *(Melaleuca alternifolia)*. Teebaumol bzw. eine wässrige Lösung davon, das Teebaumöl-Hydrolat, wird beispielsweise auf Wunden aufgetragen, um die Heilung zu fördern, es hilft bei Zahnfleischentzündungen, Abszessen, Ekzemen, Akne, Herpes und Pilzinfektionen. So ist auch der Teebaum eine Pflanze aus der wahren Schatzkammer der Natur.

Menschen lieben Süßes

Die meisten Menschen lieben Süßes, so war das schon seit Menschengedenken. Die wichtigste Aufgabe des menschlichen Geschmackssinnes besteht darin, die Menschen davor zu bewahren, an (vermeintlichen) Lebensmitteln Schaden zu nehmen oder sich gar lebensbedrohend zu vergiften. Der Geschmack wird mittels bestimmter Reize auf die **Geschmacksrezeptoren** wahrgenommen, die sich in den Geschmacksknospen auf der Zunge befinden. Diese sind überwie-

Zucker, beliebtes Genuss- und Grundnahrungsmittel bekommt erhebliche Konkurrenz – Stevia, das Süßblatt.

gend in den Papillen auf der Zunge anzutreffen, aber auch in den Schleimhäuten des gesamten Nasen- und Rachenraumes. Diese Papillen weisen unterschiedliche Formen auf. Unterschieden wird zwischen Blatt-, Wall-, Pilz- und Fadenpapillen. Der Name weist auf die jeweilige Form hin, wobei Fadenpapillen keine Träger von Geschmacksknospen sind, sondern sehr empfind-

lich durch ihre spezielle Oberfläche auf die äußere Beschaffenheit eines Lebensmittels reagieren. Außerdem sind sie auch für die Tastempfindung der Zunge verantwortlich.

Auf der Zunge befinden sich etwa 75 % der Geschmacksknospen, wobei sich die größte Anzahl auf dem hinteren Teil befindet.

Die fünf Geschmacksqualitäten

1 Süßer Geschmack
Hauptauslöser dafür sind unterschiedliche, aus Kohlenhydraten bestehende Zucker und synthetisch hergestellte oder natürlich vorkommende Süßstoffe.

2 Saurer Geschmack
Hauptauslöser sind (verdünnte) Säuren unterschiedlicher Herkunft, deren Konzentration sich mittels ihrer Wasserstoffionenkonzentration, dem pH-Wert, benennen lässt.
Eine saure Reaktion ist definiert durch einen pH-Wert von unter 7.

3 Salziger Geschmack
Hauptauslöser dieser Geschmacksrichtung sind Salze, vornehmlich Speisesalz (Natriumchlorid, NaCl). Aber auch andere Salze und Salzmischungen wie Meersalze werden wahrgenommen. Salze sind Produkte aus Säuren und Basen (Laugen), wenn diese sich gegenseitig neutralisieren. Die hierbei anfallenden Salze können für den menschlichen Organismus auch giftig sein.

4 Bitterer Geschmack
Dieser Geschmack eines Stoffes wird ausgelöst durch unterschiedliche Bitterstoffe. Sie lassen sich nicht durch ihre chemische Zusammensetzung vereinheitlichen. Das betreffende Geschmacksempfinden wird ausgelöst, wenn die Bitterrezeptoren der Geschmacksknospen einem entsprechenden Reiz ausgesetzt sind.

5 Umami Geschmack
Ursprünglich waren die Geschmacksrichtungen süß, sauer, salzig und bitter die einzigen, die unterschieden wurden. Inzwischen wird zusätzlich auch von umami gesprochen, obwohl die meisten Menschen sich darunter – im Gegensatz zu den vorgenannten Attributen – nichts vorstellen können. Besser wäre vielleicht die Bezeichnung »vollmundig herzhaft« oder »vollmundig fleischig«. Auslöser dieses Geschmacks ist die Glutaminsäure bzw. deren Salz, das Glutamat. Es kommt natürlich vor z. B. in reifen Tomaten, Fleisch und Muttermilch.

Schmecken will gelernt sein

Einzig und allein der Geschmackssinn kann uns nicht sicher vor dem Verzehr giftiger oder verdorbener Lebensmittel bewahren. Wichtig ist auch der Lernprozess, dem wir während der ersten Lebensjahre ausgesetzt sind. In dieser Zeit lernen wir von unseren Eltern und von anderen vieles, was das Überleben erst ermöglicht.

Vom Schmecken und Riechen

Der Geschmack eines Lebensmittels kann nur im Zusammenspiel mit dem Geruch wahrgenommen werden. Wem der Geruchssinn fehlt, wird kaum etwas schmecken. Diese Erfahrung haben die meisten Menschen schon einmal gemacht. So schmeckt jedes Lebensmittel gleich oder ist schlicht geschmacklos, wenn einen eine starke Erkältung erwischt hat. Gerüche können in diesem Fall nicht mehr wahrgenommen werden und somit fällt auch der Geschmackssinn aus.

Die menschliche Geschmackswahrnehmung wird durch die chemische Struktur des betreffenden Stoffes ausgelöst. Die Zunge ist mit ihren Geschmacksrezeptoren auf den unterschiedlichen Geschmacksknospen ein kleines, hocheffektives chemisches Labor, das innerhalb kürzester Zeit einen Stoff analysieren und für den Menschen wahrnehmbar beziehungsweise

unterscheidbar machen kann. Daher kann unverzüglich entschieden werden, ob das zum Verzehr vorgesehene Nahrungsmittel heruntergeschluckt und dem Körper zugeführt oder ob es besser ausgespuckt werden soll.

Bedeutung des Geschmacks

Menschen lieben Süßes, weil es ihnen anzeigt, dass das betreffende Nahrungsmittel verzehrt werden kann und somit keinen gesundheitlichen Schaden anrichtet. Sauer hingegen weist darauf hin, vorsichtig zu sein, ebenso wie der bittere Geschmack. Ein sehr bitterer oder sehr saurer Geschmack macht ein Nahrungsmittel ungenießbar. Dasselbe gilt für salzig.

Hingegen wird der Umami Geschmack oft als angenehm empfunden. Darin liegt auch der Grund, warum verschiedenen Nahrungsmitteln **Glutamat** zugesetzt wird. Hierdurch wird der Geschmack deutlich verstärkt und kann Heißhunger auf das Produkt auslösen (z. B. Kartoffelchips). Auf diese Weise wird der Umsatz der Nahrungsmittelproduzenten erhöht.

Auf der anderen Seite kann durch übermäßiges und kalorienreiches Essen die Gesundheit negativ beeinträchtigt werden.

Wie wichtig das ordentliche Funktionieren der Geschmacksknospen ist, zeigt das Beispiel des Verzehrs der Mirakelfrucht (siehe auch Seite 25). Deren Inhaltsstoffe verändern die Geschmacksempfindung drastisch. Reiner Haushaltsessig schmeckt dann zuckersüß – und kann innere Organe verletzen!

Süße aus der Natur

Unter natürlicher Süße versteht man Produkte, die in der Natur vorkommen und zum Süßen verwendet werden. In erster Linie ist damit Zucker gemeint, der in Gebieten mit tropischem Klima zum Beispiel aus dem dort angebauten Zuckerrohr gewonnen wird.

Zuckerrohr

Zuckerrohr zählt zur Familie der Süßgräser, der Poaceae. Es ist zwar mehrjährig, wird allerdings auch einjährig kultiviert. Die gerodeten Halme werden von Maschinen klein geschnitten und dann zwischen Walzen gepresst. Der heraus-

fließende Saft wird in einem Sammelbehälter aufgefangen, wo er von organischen Bestandteilen gereinigt wird – zum Beispiel durch Zugabe kleiner Mengen Kalk. Der zurückbleibende faserige Anteil, die Bagasse, findet Verwendung als Brennstoff oder in der Zellstoffindustrie zur Herstellung von Pappen.

Die Flüssigkeit im Sammelbehälter wird eingedampft und in Vakuumpfannen eingedickt. Zum Schluss des Herstellungsprozesses sorgen Zentrifugen für die Abscheidung von Restwasser. Das Endprodukt ist gelblich brauner **Rohzucker**. Verarbeitetes Zuckerrohr ergibt etwa 18 % reinen Zucker, Saccharose.

Zuckerrohr, an der Schnittstelle hat sich kristallisierter Zucker gebildet.

Zuckerrüben

Mit weniger Aufwand wurde in der Vergangenheit Zucker aus Zuckerrüben gewonnen. So entfiel die Abhängigkeit von Zuckerrohrlieferungen bzw. von Zucker aus den Tropen. Man konnte jetzt den zuckerliefernden Grundstoff, die Zuckerrübe, vor Ort selbst anbauen.

Die Zuckerrübe zählt zu den jüngsten Kulturpflanzen, die landwirtschaftlich in großem Stil angebaut werden. Ausgangspflanze für die Züchtung war im 18. Jahrhundert die Runkel- oder **Futterrübe**. Sie wies zunächst noch einen geringen Zuckergehalt von 1,3 bis 1,6 % auf, während es neuere Selektionen auf einen Zuckergehalt von 16 bis 18 % bringen.

Aus der »Halberstädter Landsorte« entstand nach umfangreichen Selektionsarbeiten die »Weiße Schlesische Zuckerrübe«. Sie ist noch heute Ausgangssippe für alle weiteren Zuckerrübensorten. Inzwischen ist die Zuckerrübe zu einem weltweiten Erfolg geworden. Bereits Mitte des 19. Jahrhunderts wurde sie sowohl in Nord- als auch in Südamerika eingeführt.

Zuckerschnaps aus Paraguay

Auch in Paraguay, dem »Land der Stevia«, wird Zuckerrohr angebaut. Aus vergorenem Rohrzuckersaft wird dort unter Zusatz von Karamell ein Schnaps mit dem Namen »cana« hergestellt.

Zucker aus Zuckerrüben

Raffinierter kristalliner Zucker aus Zuckerrüben wird industriell an verschiedenen, über ganz Deutschland verteilten Standorten in großen Industrieanlagen hergestellt. Die Landwirte, die Zuckerrüben anbauen, bringen ihre Ernte dorthin oder die Betreiber der Zuckerfabriken holen die Rüben bei den Erzeugern ab. Es ist nicht möglich, in einem kleinen Betrieb **Kristallzucker** effizient herzustellen, denn die Anlagen erfordern erhebliche Investitionskosten.

Wer in kleinem Stil selbst Zucker aus Zuckerrüben herstellen möchte, kann folgendermaßen vorgehen: Die ausgewählten Zuckerrüben werden zuerst gründlich gereinigt, denn auf dem Acker sind sie ein beliebtes Nahrungsmittel von Wild- und Nagetieren aller Art, die unerwünschte Keime hinterlassen können. Also zuerst kräftig abbürsten und gründlich waschen. Anschließend wird die Rübe in kleine Stücke geschnitten oder geraspelt. Die kleinen Rübenstückchen werden dann in einen ausreichend großen Topf gegeben, mit Wasser bedeckt und weich gekocht. Das Kochgut soll jetzt so lange stehen bleiben, bis es erkaltet ist. Danach wird die abgesetzte Flüssigkeit durch ein feines Sieb in einen weiteren Topf gegossen und anschließend so lange geköchelt, bis die Zuckerkonzentration auf das gewünschte Maß angestiegen ist. Es entsteht dabei ein Sirup, der durch Verdampfen des Wassers immer dickflüssiger wird. Der während dieses Vorgangs entstehende Schaum muss stets abgeschöpft werden. Mit zunehmender Dickflüssigkeit des Sirups muss immer wieder sorgfältig umgerührt werden, damit er nicht ansetzt. Es ist ratsam, die Temperatur dabei langsam herunterzufahren.

Übrig bleibt ein Sirup, der sowohl zum Süßen oder auch anderweitig, zum Beispiel als Brotaufstrich, verwendet werden kann.

Melasse

Melasse entsteht zwangsläufig bei der Zuckerproduktion aus Zuckerrohr und Zuckerrüben. Es ist ein zähflüssiger, dunkler Sirup, der nach dem Zentrifugieren übrig bleibt. Melasse ist zwar im Grunde ein Abfallprodukt der Zuckerherstellung, wegen ihrer wertvollen Inhaltsstoffe sollte jedoch besser von einem Nebenprodukt gesprochen werden. Melasse findet u. a. Verwendung in der Futtermittelindustrie und ist Grundstoff für die **Alkoholherstellung**.

Der Zuckergehalt liegt immer noch bei etwa 50 %. Das Ausgangsmaterial der Melasse, Zuckerrohr oder Zuckerrüben, zeigt sich in der Zusammensetzung des Sirups und ist verantwortlich für einen unterschiedlichen Geschmack. Bei der Zuckerproduktion aus Zuckerrüben fallen gut 3 % Melasse an, bei der aus Zuckerrohr etwa 5 %.

Zuckerrüben sind unser wichtigster heimischer Zuckerlieferant.

Zuckerrübensirup enthält je nach Qualität zwischen 40 und 60 % Zucker.

Zucker ist nicht Zucker

Fruchtzucker oder Fruktose (Trauben- und Fruchtzucker) kommt insbesondere in süßem Obst wie Weintrauben, Äpfeln, Birnen, Nashis, Pfirsichen und auch in Honig vor. Es handelt sich dabei um einen **Einfachzucker** (Monosaccharid), der in Wasser gut löslich ist. Auch bei einem Bestandteil der Muttermilch handelt es sich um einen Einfachzucker, die Galaktose (Schleimzucker). Einfachzucker werden vom menschlichen Organismus sehr schnell aufgenommen und ihre Wirkung setzt sofort ein.

Bei dem aus Rohr- oder Rübenzucker gewonnenen üblichen Haushaltszucker sowie bei Malzzucker handelt es sich um **Zweifachzucker** (Disaccharid). Malzzucker ist ein Abbauprodukt der Stärke, zum Beispiel aus Kartoffeln und Getreidearten. Weiterhin spricht man von **Vielfachzuckern** (Polysaccharide). Sie bestehen aus vielen Einfachzuckermolekülen. Hierzu zählen z. B. Stärkearten und Pektine, die auch in Früchten vorkommen, ebenso Zellulose.

Obwohl es sich bei Zellulose um einen Vielfachzucker handelt, wie es auch Stärkearten sind, ist der menschliche Organismus nicht in der Lage, Zellulose zu verdauen und als Einfachzucker dem Organismus zuzuführen. Für den Menschen ist sie daher nur ein wichtiger Ballaststoff. Hingegen können Wiederkäuer Zellulose unter Beteiligung von anaeroben Bakterien umsetzen und als Zucker dem Organismus zuführen.

Vom menschlichen Organismus können nur Einfachzucker aufgenommen werden. Zwei- oder Mehrfachzucker werden im Verdauungstrakt erst entsprechend aufgespalten. Im Gegensatz zu den sofort wirkenden Einfachzuckern setzt die Wirkung anderer Zuckerarten unterschiedlich schnell – zeitversetzt – ein.

Einfachzucker wirken schnell

Weil der Verzehr von Einfachzuckern eine schnelle Aufnahme in den Körper zur Folge hat, wird sich der Blutzuckerspiegel entsprechend schnell erhöhen. Daraufhin wird bei einem gesunden Menschen der Insulinspiegel ansteigen und der Zucker wird umgewandelt in den Energiespeicher **Glykogen** sowie in Fett. Während das Glykogen als Energiereserve erwünscht ist, ist die Einlagerung von Fett im Allgemeinen unerwünscht. Denn Fett ist zwar ebenfalls ein Energiespeicher, allerdings ist zu dessen Abbau ein sehr hoher Energieverbrauch notwendig.

Der nach dem Verzehr von Fruchtzucker angestiegene Insulinspiegel wird erst einmal ein Absinken des Blutzuckerspiegels bewirken, wodurch ein Hungergefühl ausgelöst wird. Bei häufigem Verzehr von Süßem ist das die Ursache für ein immer wieder einsetzendes Hungergefühl, wodurch ein Kreislaufprozess ausgelöst wird, der für den Menschen auf Dauer ungesund ist und zum Entstehen der **Zuckerkrankheit** (Diabetes Typ 2) und der **Fettleibigkeit** (Adipositas) beitragen kann. Auf der anderen Seite kann bei einem bestehenden Diabetes der Verzehr von Fruchtzucker lebensrettend sein, wenn durch seine Aufnahme einer Unterzuckerung – entstanden z. B. durch eine falsche oder zur falschen Zeit verabreichte Insulingabe – schnell entgegengewirkt werden muss. Daher wird Diabeteskranken empfohlen, immer Traubenzucker bei sich zu haben, für alle Fälle.

Munter und krank?

Traubenzucker ist ein schneller Energiespender. Daher ist ein Glas Traubensaft, ein Riegel Schokolade oder ein Stück Traubenzucker ein kurzfristiger Muntermacher. Häufig in großen Mengen verzehrt, kann der Effekt jedoch ins Gegenteil umschlagen. Man wird krank und nimmt unweigerlich an Gewicht zu.

Vielfachzucker und Langzeitdünger

Im Allgemeinen gelten Vielfachzucker als für die menschliche Ernährung günstiger. Diese müssen erst einmal im Verdauungssystem zu Einfachzuckern umgewandelt werden, um vom Körper aufgenommen zu werden und um eine Wirkung entfalten zu können.

Es klingt vielleicht ungewöhnlich, es gibt in diesem Punkt aber deutliche Parallelen zur Nährstoffversorgung von Pflanzen: Weil mineralische Düngemittel der Pflanze gewöhnlich sofort zur Verfügung stehen, tritt eine Wirkung sehr schnell ein. Eine Überdosierung versalzt den Boden und die Pflanze leidet oder geht gar ein. Daher muss eine mineralische Düngung genau dosiert sein, um den gewünschten positiven Erfolg zu erzielen.

Sicherer ist die Düngung mit einem Düngemittel, das über einen längeren Zeitraum wirkt, nachdem es durch ein intaktes Bodenleben pflanzenverfügbar aufbereitet wurde. Solche Pflanzennährstoffe sind organische Substanzen wie z. B. Hornspäne und Guano.

Kohlenhydrate, die süßen Verführer

Die meisten organischen Substanzen auf unserem Planeten bestehen aus Kohlenhydraten. Es handelt sich dabei um Verbindungen mit dem Element Kohlenstoff. Die im Grunde einfach aufgebauten Moleküle bestehen neben Kohlenstoff (C) aus Wasserstoff (H) und Sauerstoff (O). Maßgebend für die Vielzahl der möglichen Zusammensetzungen dieser drei Grundbausteine der Kohlenhydrate sind die vier freien Elektronen des Kohlenstoffatoms, die ihrerseits Verbindungen mit bis zu vier weiteren Kohlenstoffatomen, Wasserstoffatomen oder mit Verbindungen der OH-Gruppe (Sauerstoff-Wasserstoff) eingehen können. Auch weitere Elemente können beteiligt sein, dann entstehen unterschiedlichste Stoffe. Derzeit sind etwa 19 Millionen solcher Verbindungen bekannt.

Elemente des Lebens: C-H-O

Organische Verbindungen liegen als lineare Kohlenstoffketten oder Kohlenstoffringe vor, wobei die Eigenschaften solcher Verbindungen völlig verschieden sein können. Daher ist die Summenformel einer Verbindung alleine oft nicht aussagekräftig, sie weist aber auf die Elemente hin, die den entsprechenden Stoff ausmachen.

Süße Werbung – alte Reklame-Zuckerwürfel.

Die Summenformel von **Steviosid** lautet $C_{38}H_{60}O_{18}$. Demnach besteht der Süßstoff einzig aus den drei Elementen Kohlenstoff, Wasserstoff und Sauerstoff. Die Art der Verbindung macht Steviosid zu einem begehrten Süßstoff. In anderen Verbindungen können dieselben drei Elemente lebensbedrohend wirken, nämlich als **Hyoscyamin** ($C_{17}H_{23}NO_3$), dem Gift mancher Pflanzen aus der Familie der Nachtschattengewächse. Und schließlich besteht auch Alkohol aus diesen drei Elementen (C_2H_6O).

Kohlenhydrate, ebenfalls Zucker, entstehen mit Hilfe von Licht überwiegend durch den in den Blättern der Pflanzen ablaufenden Prozess der **Photosynthese**.

Zucker in der Werbung

Menschen haben von Geburt an ein Verlangen nach dem süßen Stoff, offensichtlich ist das genetisch bedingt. Denn Zucker liefert Energie und schafft Energiereserven, und diese sind zum Leben notwendig. Schon die **Muttermilch** ist süß. Das Erste, was die Geschmacksknospen der Zunge eines Neugeborenen wahrnehmen, ist Süße, der Geschmack ist somit positiv besetzt, und das bleibt in der Regel während des ganzen Lebens so. Dieser Tatsache sind wohl auch die vor einigen Jahrzehnten noch propagierten Werbesprüche der **Zuckerindustrie** geschuldet: »Zucker sparen grundverkehrt, Zucker zaubert, Zucker nährt.«

Schon 1899 warb man auf Postkarten für Zucker. »Die kleine Herrin herzlich lacht, wenn Waldmann seine Kunststück' macht. Nur dann ist er dazu geneigt, wenn Lottchen ihm den Zucker zeigt.« Wobei es sich bei Waldmann um einen Hund handelt.

Heute wissen wir, dass solche Sprüche verhängnisvoll sein können, wenn man sie ernst nimmt und sich von ihnen leiten lässt. Der süße Verführer $C_{12}H_{22}O_{11}$ ist ein Kohlenhydrat, auch Haushaltszucker genannt.

Verhängnisvoller Überfluss

In der heutigen Zeit lebt ein Teil der Menschheit im Überfluss. Gerade in den sogenannten Industrienationen leiden immer mehr Menschen an Fettleibigkeit und anderen damit einhergehenden Krankheiten. Das liegt in den meisten Fällen an ihrer falschen Ernährung. Auch weil Lebensmittel im Verhältnis zum Einkommen sehr preiswert sind, wird oft dem Urtrieb nachgegeben – man leistet sich das, was Befriedigung, ein gutes Bauchgefühl verschafft. Und dazu zählt das Essen, oft auch der Verzehr extrem süßer Speisen wie Eiszubereitungen, Kuchen in allen Variationen und Süßigkeiten jeder Art. Dazu kommt die Schnelllebigkeit. Es wird geschlungen, das **Sättigungsgefühl** setzt erst ein, nachdem der Magen bereits überfüllt ist. Und das schnelle Essen zwischendurch, »Fast Food« genannt, trägt auch seinen Teil bei.

Zucker oder Süßstoffe, was ist gesünder?

Zucker ist ein Suchtmittel, das von der Gesellschaft nicht in gleicher Weise geächtet wird wie andere Suchtmittel. Es ist frei verkäuflich und verursacht nicht selten Gesundheitsprobleme, die auch der langfristige Konsum anderer Suchtmittel verursacht.

Zucker aus verschiedenen Quellen

Zucker wird nicht nur aus Zuckerrohr und Zuckerrüben gewonnen. Auch Honig, Traubenzucker, Fruchtzucker, Puderzucker, Läuterzucker und brauner Kandiszucker sind **Zuckerarten**. Nach dem Verzehr gelangen sie über den Verdauungsweg in Magen und Dünndarm und werden vom Körper aufgenommen. Einfachzucker wie Trauben- und Fruchtzucker (Monosaccharide) gehen sofort über die Darmschleimhaut ins Blut über, Zwei- (Haushaltszucker) und Mehrfachzucker (Stärke) müssen erst durch Verstoffwechselung in Einfachzucker umgebaut werden, um durch Diffusion oder durch Spaltung mithilfe von bestimmten Proteinen ins Blut gelangen zu können. Daher setzt ihre Wirkung auf den Körper nicht sofort ein, sondern benötigt einen gewissen Zeitraum, bis der Effekt spürbar wird.

Versteckter Zucker

Die Zuckeraufnahme aus Obst, Gemüse und anderen Nahrungsmitteln muss nicht durch Hinzufügen von **Haushaltszucker** erhöht werden. Zuckerhaltige Getränke verschleiern oft die Menge des aufgenommenen Zuckers, weil er hier in gelöster Form vorliegt. Eine Flasche Cola-Getränk (½ Liter) kann eine reine Zuckermenge von 60 g beinhalten und das sind bereits ca. 1000 kJ oder ca. 240 kcal; dasselbe gilt auch für Fruchtsäfte. Zucker ist häufig verantwortlich für **Karies**, Übergewicht und Diabetes, gerade wenn schon in jungen Jahren mit dem übermäßigen Konsum begonnen wird.

MEIN RAT

Zucker sollte als etwas Besonderes betrachtet werden, das zu bestimmten Gelegenheiten von gesunden Menschen in Maßen verzehrt werden kann. Süßstoffe weisen nicht dieselben großen gesundheitlichen Nachteile auf, die der übersteigerte Zuckerkonsum nach sich ziehen kann.

Solche negativen Folgen entstehen nicht beim Süßen mit Süßstoffen. Ihre Verwendung kann gerade bei fettleibigen Menschen von Vorteil sein. So teilt die Deutsche Gesellschaft für Ernährung unter DGEinfo 04/2007 mit: »Eine gewichtssteigernde Wirkung von Süßstoffen ist wissenschaftlich bislang nicht belegt. Im Gegenteil: **Süßstoffe** können im Rahmen von Gewichtsreduktionsprogrammen sinnvolle Hilfsmittel zur Reduktion der Energieaufnahme darstellen. Sie ermöglichen die Erhaltung des Süßgeschmacks zuckerfreier, energiereduzierter Lebensmittel, speziell von Getränken.«

Künstlich hergestellte Süßstoffe

Was ist das Besondere an Stevia, wo es doch schon so viele synthetische und pflanzliche Süßstoffe gibt? Stevia wird bereits seit hunderten von Jahren von den Einwohnern Südamerikas verwendet und soll zudem heilkräftige Fähigkeiten haben. Es ist ein rein pflanzliches, also ein natürliches, Produkt und wegen seiner enormen Süßkraft werden nur Teile seiner kleinen Blätter benötigt. Die erheblichen Nebenwirkungen, die anderen künstlichen Süßstoffen nachgesagt werden, bestehen bei Stevia offensichtlich nicht.

Dort, wo Stevia-Produkte zum Süßen bzw. als Nahrungsergänzungsmittel nicht zugelassen sind, muss der Verbraucher auf andere Süßstoffe zurückgreifen, deren Verwendung erlaubt ist. Im Folgenden eine Auswahl.

Aspartam

Hierbei handelt es sich um ein gängiges, häufig in Getränken verwendetes synthetisch hergestelltes Süßungsmittel, das 1965 per Zufall entdeckt wurde. Zugehörige Markennamen sind NutraSweet und Canderel, aktuell auch AminoSweet. In Deutschland wurde es 1990 zugelassen. Es hat etwa den gleichen Nährwert wie Zucker (4 kcal/g), ist jedoch 180-mal so süß. Daher wird es zur Substitution von Zucker nur in kleinsten Mengen benötigt und ist somit auch für Diabetiker geeignet, jedenfalls in Bezug auf seinen Energiegehalt.

Aspartam ist dasjenige künstliche Süßungsmittel, das seit einiger Zeit wieder ins Gerede gekommen ist. Schon vor seiner Zulassung in den USA Anfang 1980 wurde über eine mögliche **krebserregende Wirkung** bei Ratten diskutiert. Die FDA lehnte eine Zulassung daher vorerst ab. Nach Studien bestehen möglicherweise Gesundheitsrisiken, die die EFSA (European Food Safety Authority) allerdings nicht zu weiteren Maßnahmen bewegen konnten.

Aspartam wird im Körper in seine drei Bestandteile abgebaut, in Asparaginsäure, Phenylalanin

und Methanol. Phenylalanin darf nicht von Menschen konsumiert werden, die an der angeborenen Phenylketonurie, einer Stoffwechselkrankheit, leiden. Statistisch gesehen ist das ein Mensch unter 8000. Daher müssen z. B. Getränkedosen oder Flaschen von Softdrinks und Cola-Light-Getränken, die mit Aspartam gesüßt sind, in der EU mit dem Hinweis versehen sein: »enthält eine Phenylalaninquelle«. Denn würden Betroffene Aspartam zu sich nehmen und nicht die bei Phenylketonurie notwendige Diät einhalten, könnten sie schwerwiegende gesundheitliche Schäden davontragen. Bei Kindern könnte das die Hirnentwicklung beeinträchtigen, mit

Der Mensch ist auf Süßes fixiert – Bonbons stehen vor allem bei Kindern hoch im Kurs.

der Folge, dass möglicherweise der Intelligenzquotient sinkt, weitere **gesundheitliche Beeinträchtigungen** sind möglich. Neben Phenylalanin entsteht als Abfallprodukt bei der Verdauung 10 % Methanol, ein giftiger Alkohol. Ein Stoffwechselprodukt des Methanols ist das ebenfalls giftige und erwiesenermaßen krebsauslösende Formalin (Formaldehyd). Auch wenn die Gesamtkonzentration gering sein mag, so sollte man berücksichtigen, dass wir vielen zusätzlichen Umweltgiften ausgesetzt sind, die dann durchaus Schaden anrichten können.

Cyclamat

Cyclamat ist ein synthetisch hergestellter Süßstoff mit zuckerähnlichem Geschmack, dessen Süßkraft dem 30- bis 40-Fachen der Saccharose, des Haushaltszuckers, entspricht. Chemisch gesehen handelt es sich um die Natrium- und Kalziumsalze der Cyclohexylsulfaminsäure. Sie sind in Wasser gut löslich und sehr stabil. In der Praxis wird die **Süßkraft** von Cyclamat durch das Zusetzen von 10 % des wesentlich süßeren Saccharins erhöht. So lässt sich der Einsatz von Cyclamat niedriger halten unter Beibehaltung des zuckerähnlichen Geschmacks.

Nachdem Cyclamat 1951 erstmals in den USA und in der Folge auch in anderen Ländern zugelassen wurde, musste dieser Süßstoff etwa 20 Jahre später wegen einer in Tierversuchen festgestellten karzinogenen Wirkung verboten werden. Anschließende Untersuchungen konnten das Ergebnis nicht bestätigen, woraufhin das Cyclamat im Jahre 1991 wieder zugelassen wurde, allerdings mit Einschränkungen. Cyclamat wird zudem in der kosmetischen Arzneimittelherstellung verwendet.

MEIN RAT

Die Zulassung von Cyclamat gilt nur für die Verwendung in diätetischen bzw. energiereduzierten Lebensmitteln wie zuckerfreien Getränken, Desserts, Brotaufstrichen und Obstkonserven.

Neotam

Neotam ist der Nachfolger des umstrittenen Süßstoffes Aspartam, aus dem es synthetisiert wurde. Neotam, also ein Derivat aus Aspartam, soll Vorteile zeigen gegenüber der Grundsubstanz. So liegt seine **Süßkraft** 7000- bis 13000-fach über der des Haushaltszuckers und es wirkt produktbedingt geschmacksverstärkend. Seine hohe Süßkraft verschafft Neotam zudem den Vorteil, im menschlichen Körper wesentlich weniger Phenylalanin freizusetzen, weil die aufgenommene Menge des Stoffes geringer ist.

In der EU ist Neotam seit 2010 als »unbedenklich« zugelassen. Es kann als Süßungsmittel in Lebensmitteln sowie als **Geschmacksverstärker** verwendet werden. Dennoch ist eine abschließende Beurteilung nicht möglich.

Saccharin

Dieser erste chemisch synthetisierte Süßstoff wurde 1878 von Constantin Fahlberg und Ira Remsen entdeckt. 1894 gründete Fahlberg in Magdeburg mit dem Kaufmann List die Firma Fahlberg-List. Wegen seines Erfolges und des drastischen Umsatzrückgangs der **Zuckerindustrie** konnte diese schließlich ein Verbot von Saccharin erreichen, mit Ausnahme der

Verwendung in Diabetiker-Produkten. Später wurde der Süßstoff dann wieder zugelassen.

Die Süßkraft von Saccharin ist etwa 300- bis 700-mal so groß wie die von Rohr- oder Rübenzucker (Saccharose). Der Süßstoff wird im menschlichen Körper nicht verwertet und liefert somit keine Energie. Er ist hitzestabil und gut lagerfähig – beides im Gegensatz zu Aspartam. Die Wahrnehmung eines gelegentlich auftretenden **bitter-metallischen** Geschmacks kann durch Mischung mit anderen Süßstoffen wie Cyclamat aufgehoben werden.

In der Vergangenheit tauchten immer wieder Studien auf, nach denen Saccharin Blasenkrebs auslösen könne. Weitere Studien konnten das allerdings nicht belegen.

Sucralose

Ein indischer Chemiker forschte nach neuen Insektiziden. Dabei stieß er zufällig auf den sehr süß schmeckenden Stoff Trichlorsaccharose, die Sucralose. Dieser Süßstoff, der die 600-fache Süßkraft des üblichen Zuckers aufweist, besitzt verschiedene **Vorteile** gegenüber anderen Süßstoffen. Er hat keinen bitteren Nachgeschmack, er ist frei von Kalorien, er hat keinen Einfluss auf die Blutzuckerwerte und er führt auch nicht zu Zahnproblemen. Wegen seiner Beständigkeit bei hohen Temperaturen kann Sucralose auch zum Braten, Backen und Kochen verwendet werden.

Sucralose ist eine Organochlorverbindung, die sich wegen ihres sehr langwierigen Abbauvorgangs mit der Zeit in der Umwelt anreichern kann. Sie wird auch unter dem Markennamen Splenda vertrieben.

Süßstoffe aus der Natur

Schon lange bevor die Zuckerpflanze Stevia und ihr süßer Inhaltsstoff, das Steviosid, bei uns Bekanntheit erlangten, waren bereits manch andere Süßstoffe aus der Natur schon lange keine Unbekannten.

Glycyrrhizin

Der aus dem Süßholz (*Glycyrrhiza glabra*) gewonnene Süßstoff Glycyrrhizin wird nicht zum Süßen verwendet, obwohl seine Süßkraft das 50-Fache von Zucker beträgt. Aus den dicken, glukosidreichen Wurzeln und Rhizomen der Pflanze wird ein Saft gewonnen, aus dem vornehmlich **Lakritzwaren** hergestellt werden.

Süßholzpulver: Süßholzextrakte werden für Medikamente und Lebensmittel verwendet.

Schon im Altertum wurde der süße Lakritzsaft zudem vielfältig für die verschiedensten Einsatzgebiete in der Medizin genutzt, zum Beispiel als Hustenlöser (Expektorans) und als Mittel gegen Pilzinfektionen (Antimykotikum). Auch eine antibakterielle Wirkung wird dem Süßholzsaft nachgesagt. In England wird das beliebte Porterbier damit aromatisiert und auch andere Getränke erhalten durch den Saft ihren Geschmack. In den USA wird Lakritzsaft zur Aufbereitung einiger Tabaksorten verwendet.

Der Lakritzsaft Glycyrrhizin hat einen charakteristischen, nicht an Zucker erinnernden Geschmack. Zudem zeigt er einen **blutdrucksteigernden Effekt**. Das kann Menschen mit zu niedrigem Blutdruck aktivieren, andererseits leiden viele Menschen an zu hohem Blutdruck. Diese sollten Lakritzprodukte daher nicht dauerhaft und übermäßig verzehren.

Luo Han Guo

Luo Han Guo (ausgesprochen: Lo hang dscho) aus der Familie der Kürbisgewächse (Cucurbitaceae) ist in den Bergregionen im nordöstlichen China in der Provinz Guangxi heimisch, allerdings nur selten wild wachsend anzutreffen. Im Süden Chinas wird die Pflanze in den Bergen um Guilin kultiviert. Ihr Anbau war lange ein von Mönchen gut gehütetes Geheimnis.

Früchte von Luo Han Guo – ihre Süßkraft übertrifft sogar die von Stevia.

Luo Han Guo *(Siraitia grosvenori)* ist eine bei uns noch kaum bekannte Pflanze, in der offensichtlich ein großes **Potenzial** für die Zukunft steckt. Aus ihr wird in China ein Süßstoff mit besonders vollmundiger Süße gewonnen und ihre Süßkraft übertrifft die des Zuckers etwa um das 60-Fache. Allerdings ist die Pflanze noch nicht in allen ihren Eigenschaften erforscht, sodass sie weltweit noch nicht als Süßstoff eingesetzt werden kann.

Die Süße befindet sich in den Triterpen-Glykosiden der beerenartigen dunklen, bis 8 cm im Durchmesser großen Früchte. Das **Fruchtfleisch** besteht zu etwa einem Drittel aus Kohlenhydraten, vornehmlich Fruktose und Glukose. Es ist sehr reich an Vitamin C.

Neben ihren hervorragenden Eigenschaften als Süßungsmittel wird sie in China als **Tonikum** zur Besserung der Atemfunktionen eingesetzt und der Verzehr soll einen positiven Einfluss auf das Immunsystem haben. Aber das wichtigste Kriterium, jedenfalls in China: Die Beeren sollen bei regelmäßigem Verzehr ein Alter von über 100 Jahren bescheren – bei guter Gesundheit.

Miraculin

Miraculin wird aus der Mirakelfrucht oder Wunderbeere *(Synsepalum dulcificum)* gewonnen. Das Fruchtmark selbst ist süßlich und geschmacklos, allerdings bewirkt es durch eine reversible Strukturveränderung der menschlichen Geschmacksknospen beim Verzehr einen ganz **besonderen Effekt**: Saure und auch bittere Nahrungsmittel und Getränke erhalten einen extrem süßen **Nebengeschmack**. Dieser höchst ungewöhnliche Effekt stellt sich schon

MEIN RAT

Auch bei uns kann Süßholz kultiviert werden. Jüngeren Pflanzen sollte anfänglich ein Winterschutz geboten werden, sonst sind sie im Allgemeinen winterhart.

dann ein, wenn nur eine sehr kleine Menge des Fruchtfleisches verzehrt wird. Er hält etwa zwei bis mehrere Stunden an, abhängig von der verzehrten Menge. Da dieses Phänomen auch bei stark sauren Getränken und Speisen eine deutliche Wirkung zeigt, wird sogar unverdünnter Haushaltsessig als extrem süß empfunden. Insofern muss man bei Experimenten **Vorsicht** walten lassen, um Speiseröhre und andere innere Organe nicht zu schädigen.

Es wurde versucht, Miraculin als Süßstoff zu isolieren. Derzeit stehen dafür jedoch noch keine kostengünstigen Verfahren zur Verfügung. Auch der beschriebene Effekt, Saures süß schmecken zu lassen, kann bislang nur durch den Verzehr des Fleisches der kleinen, langovalen und frischen roten Beeren erreicht werden.

Die Mirakelpflanze aus der Familie der Sapoten- oder Breiapfelgewächse (Sapotaceae) ist im tropischen Westafrika beheimatet. Auch im tropischen Amerika und in Südflorida werden die reich tragende schmal- und die großblättrige Mirakelpflanze kleinflächig angebaut.

Sorbit

Dieser Süßstoff wurde ursprünglich aus den kleinen Früchten der **Eberesche** *(Sorbus aucuparia)* gewonnen, die den hohen Anteil von bis zu 12 % Sorbitol aufweisen. Sorbit kommt in vielen weiteren Früchten vor, allerdings in weniger hoher Konzentration. Dies sind beispielsweise Kernobstarten wie Birnen und Äpfel, aber auch Steinobst wie Aprikosen und Pfirsiche. Sorbit wird heute in großem Stil aus Stärke von Mais oder Weizen gewonnen.

Auf den ersten Blick mag Sorbit keine großen Vorteile gegenüber Haushaltszucker haben, denn sein Kaloriengehalt hat mit immerhin 2,4 kcal/g bzw. 10 kJ/g gut 60 % der Kalorien von Zucker. Die Süßkraft liegt bei etwa 50 % im Verhältnis zur Zuckersüße. Demgegenüber steht die Verstoffwechselung, die ohne die Freisetzung von Insulin erfolgt. Daher ist Sorbit als diätetisches Lebensmittel geeignet. Wegen seiner hygroskopischen Eigenschaften wird es zudem als **Feuchthaltemittel** verwendet. Ein ADI-Wert (siehe Seite 59) wurde wegen Unbedenklichkeit nicht festgelegt, allerdings kann es beim Verzehr größerer Mengen zu Durchfall und Blähungen kommen.

Steviosid

Steviosid wird eine Stoffgruppe genannt, die aus den Blättern der Steviapflanze gewonnen wird. Der pflanzliche Süßstoff hat eine etwa 300-fache Süßkraft im Vergleich zu Haushaltszucker und ist praktisch **kalorienfrei**. Weitere und ausführliche Informationen über diesen besonderen Stoff erhalten Sie in den folgenden Kapiteln dieses Buches.

Tagatose

Hierbei handelt es sich um einen natürlicherweise in Milch vorkommenden Süßstoff, der zwar der Fruktose ähnlich ist, jedoch nur 38 % der Kalorien enthält. Im Unterschied zum Haushaltszucker, dessen Süßkraft der von Tagatose in etwa entspricht, hat dieser kaum eine Auswirkung auf den Blutzuckerspiegel.

Tagatose wird aus **Laktose** (Milchzucker) gewonnen, einem Disaccharid. Sie wirkt zudem geschmacksverstärkend.

Thaumatin

Bei Thaumatin handelt es sich um einen pflanzlichen Süßstoff, der aus dem Arillus (Samenmantel) der Früchte der **Katamfe-Pflanze** *(Thaumatococcus daniellii)* gewonnen wird. Er unterliegt hinsichtlich seiner Verwendung keinen Beschränkungen.

Die geringe Ausbeute (etwa 6 g Wirkstoff aus einem Kilogramm Früchte) und die klimatisch begrenzten Kulturmöglichkeiten machen diesen Süßstoff sehr teuer. Seine extreme Süße, 2000- bis 3000-mal süßer als Haushaltszucker, wird nicht nur relativiert durch den hohen Preis, sondern auch durch den leicht lakritzartigen Nachgeschmack. Der Süßstoff ist für Diabetiker geeignet und pH-stabil. Neben seiner Verwendung als Süßstoff wird Thaumatin auch als Geschmacksverstärker, **Appetitanreger** und als Zusatz zu Tierfutter verwendet.

Die Katamfe-Pflanze aus der Familie der Pfeilwurzgewächse (Marantaceae) ist in den Regenwäldern des westlichen Afrikas von Sierra Leone bis Kongo (Zaire) heimisch und wird dort auch »miraculous fruit« und »katamfe« genannt. Sie wird regional auch als Fetischpflanze kultiviert. In Nigeria werden die Blätter zum Einwickeln von Nahrungsmitteln verwendet.

Xylit

Hierbei handelt es sich um ein pflanzliches Süßungsmittel. Es wird auch Xylitol genannt und kommt in verschiedenen Gemüse- und Obstarten vor (Blumenkohl, Erdbeeren, Himbeeren) sowie in der Rinde der Birke. Daher auch der gelegentlich verwendete Name **Birkenzucker**. Hergestellt wird es aber überwiegend aus Maiskolben, deren Samen bereits geerntet wurden.

Die Süßkraft von Xylit entspricht etwa derjenigen von Haushaltszucker. Es besitzt jedoch für Diabetiker den Vorteil, dass es den Blutzuckerspiegel nur geringfügig beeinflusst und somit bei diesem Krankheitsbild geeignet ist. Der Nährwert liegt um 40 % unter dem von üblichem Zucker. Das Besondere an Xylit ist seine prophylaktische Wirkung gegen **Karies**, wie an der Universität von Turku in Finnland festgestellt wurde. Darum wird der Stoff häufig zum Süßen von Kaugummis verwendet. Für einige Tierarten wie Hund und Kaninchen ist der Stoff allerdings schädlich. Nach dem amerikanischen Toxikologen E. Dunayer können bei diesen Tieren als Folge eines starken Anstiegs des Insulinspiegels lebensbedrohliche Zustände entstehen.

Wir kennen viele Nutzpflanzen, die den Menschen dienlich sind und wir lernen immer wieder neue kennen. Die Zuckerpflanze Stevia hat jedoch etwas Besonderes: Ihr **wirtschaftliches Potenzial** könnte riesig sein. Erfüllt sie die Erwartungen, könnte sie zu einem unvergleichlichen »Senkrechtstarter« werden.

Das süße weiße Konzentrat wird industriell aus den Blättern der Stevia gewonnen.

Stevia – ein Wunder der Natur

Stevia ist eine recht unscheinbare Pflanze, genauso wie die meisten Arten aus ihrer Gattung. Das Besondere sind ihre Inhaltsstoffe – aber nur die der Art *Stevia rebaudiana*. Die anderen Steviaarten enthalten keine Stoffe, die eine vergleichbare Süßkraft aufweisen.

Die Gattung Stevia

Stevia rebaudiana (Bertoni) Hemsl. ist eine Art aus der Gattung der Stevien *(Stevia)*. Sie zählt zur Familie der Korbblütler (Asteraceae), die ihrerseits der Ordnung der Asternartigen (Asterales) angehört.

Wegen der Vielzahl der Gattungen innerhalb der Familie der Korbblütler unterteilt man zusätzlich in die Unterfamilie Asteroideae, die wiederum zum Tribus Eupatorieae zählt. Ein Tribus ist in der Systematik der Biologie eine Rangstufe unterhalb der Untergattung.

Viele Namen für eine Pflanze

Stevia rebaudiana ist eine frostunverträgliche mehrjährige Pflanze der Subtropen. Ihre behaarten, 1,5 bis 3,5 cm langen Blätter stehen gegenständig. Sie sind, ebenso wie die Triebe,

leicht behaart. Ihre kleinen weißen Blüten erscheinen zu Trugdolden zusammengefasst an den Triebspitzen. Die Bestäubung erfolgt durch den Wind und mithilfe von Insekten. Der volkstümliche **südamerikanische Name**, wie er in der Heimat der Zuckerpflanze bekannt ist, stammt aus der Guaranisprache, die auch in Paraguay gesprochen wird, und lautet Caá Hêê bzw. Kaá Hêê (übersetzt = süßes Kraut), hier sind viele weitere Abwandlungen davon in Gebrauch. Bei uns ist Stevia allerdings bekannter unter den Namen Süßkraut, Süßpflanze, Zuckerpflanze, Honigkraut und Honigblatt.

Wie Stevia ihren Namen bekam

Die Erstbeschreibung der Pflanze erfolgte nach wissenschaftlichen Untersuchungen im Jahre 1899 durch Moisés Santiago **Bertoni**, der mit seiner Familie 1884 aus dem schweizerischen Tessin nach Argentinien auswanderte und sich 1887 schließlich in Paraguay niederließ. Der einstige Jura- und Naturwissenschaftsstudent gab der Pflanze den Namen *Eupatorium rebaudianum* Bertoni.

Der angesehene englische Botaniker William Botting **Hemsley** (1843–1924) war hinsichtlich der Gattungszugehörigkeit allerdings anderer Ansicht. Die ihm bekannte Beschreibung Bertonis überarbeitete er und veröffentlichte sie im Jahre 1906. Sie wurde weltweit anerkannt und ist noch heute maßgebend. Seinen wissenschaftlichen Untersuchungen zufolge war die Art nicht der Gattung *Eupatorium* zuzurechnen, sondern der Gattung *Stevia*.

Stevia und Löwenzahn

Zu der sehr großen Korbblütler-Familie zählt z. B. auch der Gewöhnliche Löwenzahn *(Taraxacum officinale)*, dessen Samenstände zwar etwas größer sind als diejenigen der Stevia, in Form und Aussehen einschließlich der Flughaare können sie aber durchaus als vergleichbar betrachtet werden. Auch die Samen der Ringelblume *(Calendula officinalis)* ähneln in ihrer Form den kleineren Steviasamen.

Bei der Beschreibung und Benennung von Pflanzen gibt es festgelegte Vorgehensweisen. Bertoni war demnach anerkannter **Erstbeschreiber** der Pflanze, allerdings hat der von ihm gewählte Artname keine Gültigkeit mehr. In Einhaltung der internationalen Regeln zur wissenschaftlichen Nomenklatur musste die korrekte Bezeichnung der Pflanzenart nunmehr den Namen des Erstbeschreibers Bertoni in Klammern führen, gefolgt von dem Namen bzw. dem Kürzel des bis dato gültigen Beschreibers Hemsley. Somit lautet der korrekte Name der Pflanze *Stevia rebaudiana* (Bertoni) Hemsl.

Das Artepitheton, das ist der zweite Teil des wissenschaftlichen Artnamens, *rebaudiana* geht zurück auf den paraguayischen Chemiker Ovi-dio **Rebaudi** (1860–1931), der im Jahr 1900 erstmals die süß schmeckenden Verbindungen aus der Steviapflanze isolierte.

Die Heimat der Stevia

Steviaarten sind auf dem amerikanischen Kontinent heimisch, von den USA bis zum nördlichen Argentinien. *Stevia rebaudiana* stammt aus dem Südosten Paraguays, dem Grenzgebiet zwischen Paraguay und Brasilien. Das **Klima** dort ist halbfeucht-subtropisch und in der Regel frostfrei. Sehr selten werden kurzfristig oberirdisch leichte Frostgrade registriert. Die dort vorherrschenden **Böden** sind sandig-tonig und nährstoffarm.

Zarte weiße Blüten an behaarten Stängeln.

Stevia – fast nur in Kultur

Auch heute ist die Zuckerpflanze in ihrer Heimat als Wildpflanze rar. Hingegen wird sie weltweit als Kulturpflanze schon heute in großen Mengen angebaut, obwohl die Zulassung von Steviosid noch nicht in allen Staaten erfolgt ist.

Obgleich es sich bei den genannten Teilen Paraguays um die Heimat der Pflanze handelt, waren schon zur Zeit Bertonis die Bestände äußerst rar. Für seine Beschreibung der Art standen ihm nur Pflanzenteile zur Verfügung, die er von einem Kräutersammler erhielt. Das mag der Grund gewesen sein, warum er die Pflanze anfänglich für eine Art der nahverwandten Gattung *Eupatorium* hielt.

Weitere Stevia-Arten

Stevia rebaudiana ist eine von etwa 240 Arten der Gattung. Sie ist die wirtschaftlich wichtigste, die anderen Arten sind weniger bedeutungsvoll.

S. amambayensis B. L. Rob.; der Name weist auf die Herkunft der Pflanze hin, das Amambai-Gebirge zwischen Paraguay und Brasilien.

S. cryptantha Baker lässt sich deutlich unterscheiden durch den lang gezogenen Blütenstiel.

S. decussata Baker trägt typische breitovale Blätter mit deutlicher Aderung und kleinen Blüten in kleinen Dolden.

S. leptophylla Baker ist eine Art mit spitzelliptischen Blättern und kurzen Internodien, mit etwas größeren Blüten.

S. oxylaena DC. hat recht große spitz zulaufende Blätter mit deutlicher Aderung.

S. serrata Cav. (Saw-tooth Candyleaf) ist eine bis etwa einen Meter hoch wachsende mehrjährige staudenartige Pflanze mit gesägten, länglich spitzen Blättern und hellrosafarbenen Einzelblüten, die in Büscheln wachsen. Heimisch ist die Art in den südlichen USA bis Mexiko.

S. sphacelata Nutt. ex Torr. ist eine einjährige Art aus den USA und Mexiko, die, abhängig vom Standort, eine Größe von 10 bis 90 cm erreicht.

S. villaricensis (B. L. Rob.) Cabrera & Vittet syn. *S. aristata* D. Don ex Hook. & Arn., stammt aus dem Nordosten Argentiniens und aus Paraguay. Die mehrjährige Art trägt breitovale, deutlich quergeaderte Blätter.

Uralte Nutzpflanze der Indianer

Aus der Forschung über die Ureinwohner Südamerikas, die Guarani, und über paraguayische Traditionen ist bekannt, dass die Zuckerpflanze schon seit hunderten von Jahren zum Süßen verwendet wird. Lange vor Kolumbus' Entdeckungsreisen, die um das 16. Jahrhundert erfolgten, wurde Stevia von den Indianern Paraguays und des südwestlichen Teils Brasiliens zum Süßen von Speisen und Getränken benutzt. Sie wurde gerne dem etwas bitteren **Matetee** zugegeben, wodurch ein angenehmer Geschmack entstand. Aber auch als **Heilkraut** war Caá Hêê, bekannt. So benutzte man es zur

Unterstützung der Wundheilung; auch herzstärkend soll es wirken und positiven Einfluss auf Bluthochdruck und Übergewicht zeigen.

Von Paraguay in die ganze Welt

Bei Stevia handelt es sich um eine Pflanze, deren Heimat in erster Linie das heutige Paraguay ist. Damit besitzt dieses kleine, eher arme südamerikanische Land einen Schatz, den es eigentlich zu sichern gilt. Durch die **Förderung des Anbaues** von Stevia unter den optimalen heimischen Kulturbedingungen könnte dem Land ein gewisser Aufschwung beschert werden. In der Folge würde das sicher die Armut in manchen Bevölkerungskreisen mindern.

Jeder Staat ist bemüht, seine Boden- und anderen Naturschätze für sich zu nutzen. Das ist natürlich einfacher, wenn es sich um Erdöl oder -gas handelt. Aber da es sich um Pflanzen mit einem so extrem hohen wirtschaftlichen Potenzial handelt, wie es die Steviapflanze hat, dann muss man sich wundern, dass Paraguay als **Ursprungsland** bei der Produktion in großem Stil und der Vermarktung kaum eine Rolle spielt.

Inzwischen ist die Kulturpflanze *Stevia rebaudiana* aus Paraguay in die ganze Welt ausgewandert. In China, Japan, Australien und anderen Ländern mit geeignetem Klima wird die Süßpflanze heute großflächig angebaut. Und weil die EU ihr erwartetes Ja zu Stevia gegeben hat, wird Stevia auch in Europa in großem Stil angebaut werden. In Spanien wurden bereits umfangreiche **Testpflanzungen** durchgeführt.

MEIN RAT

Das eigentliche »Land der Stevia«, Paraguay, droht bei dem Boom, der bereits eingesetzt hat, ins Hintertreffen zu geraten – trotz qualitativ hochwertiger Pflanzen. Denn minderwertigere Qualitäten aus Fernost überschwemmen den Markt. Reinheiten von 90 % oder weniger können bei den Produkten aus diesen Ländern herstellungsbedingt Fremdstoffe (Artefakte) aufweisen, die auch gesundheitsschädigend sein können. Es sollten daher nur hochwertige, hochreine Steviaprodukte verwendet werden.

Nur aus der Art *Stevia rebaudiana* lässt sich Steviosid gewinnen.

Die Inhaltsstoffe der Steviapflanze

In der kompletten Steviapflanze befinden sich Moleküle, die der Pflanze den süßen Geschmack verleihen. Zur Süßegewinnung werden in der Regel jedoch nur die Blätter verwendet, weil sie die intensivste und reinste Süße in sich tragen. Träger des süßen Geschmackes ist eine chemische Verbindung mit dem Namen **Steviol** und der Summenformel $C_{20}H_{30}O_3$. Die Verbindung liegt insbesondere vor in den Blättern und vermindert auch in den Trieben der Steviapflanze in Form von Glykosiden. Diese sammeln sich in den Blättern. Daher sind ältere, tiefer an der Pflanze befindliche Blätter süßer als junge. Außerdem sind chlorophyllfreie Pflanzenteile wie die Wurzeln nahezu glykosidfrei. Die wichtigsten Inhaltsstoffe, also diejenigen, die zum süßen Geschmack besonders beitragen, sind Steviosid und Rebaudiosid A.

Im Übrigen wird die Steviasüße von acht Glykosiden erzeugt, die in den Blättern enthalten sind. Dabei handelt es sich neben den schon genannten Stoffen Steviosid und Rebaudiosid A ferner um Rebaudiosid C, D (in Spuren), E (in Spuren) und F (in Spuren) sowie um Steviolbiosid und Dulcosid A.

Stevioglykosidabfüllung am Sprühtrockner bei der Firma NL Stevia.

Was die Süße ausmacht

Den weitaus größten Anteil der Wirkstoffe, die in den Steviablättern vorkommen, hat das Steviosid. Bei einzelnen **Züchtungen** wurde ein Anteil von bis zu 18 % in den Blättern gemessen. Da diese Verbindung eine bis zu 300- bis 400-mal so große Süßwirkung wie Saccharose erzeugen kann, ist es hauptverantwortlich für die Süße der Steviablätter.

Es werden verschiedene Namen für den Süßstoff aus der Steviapflanze verwendet. Das sind Bezeichnungen wie Stevia, Süßkraut, Zuckerpflanze, Steviol u. a. Der am häufigsten anzutreffende Name ist Steviosid. Manche **Firmen** haben Fantasienamen für ihr Produkt geschaffen, um es von anderen abzuheben und sich nach Möglichkeit schon im Vorfeld zur Zulassung eine eigene Marke zu schaffen.

Steviolglykoside

Die wissenschaftlich korrekte Bezeichnung der aus der Pflanze gewonnenen Substanz lautet »Steviolglykoside«. Dieser Name in Verbindung mit der Bezeichnung E 960 war bereits von der EU-Kommission vorgesehen. Das bedeutet allerdings auch, dass sich die Zulassung als Lebensmittelzusatzstoff ausschließlich auf Steviolglykoside beschränkt, wobei deren Qualität, also Reinheit, genauestens definiert ist.

Was in der Pflanze steckt

Neben den genannten Inhaltsstoffen der Stevia sind weitere Inhaltsstoffe der Pflanze (nach Helmreich und Simonsohn) von gesundheitlicher Bedeutung:

- 52,84 % Kohlenhydrate
- 15,2 % Faserstoffe
- 11,2 % Pflanzenprotein (Polypeptide)
- 5,65 % Öle (Fett)
- 1,78 % Kalium
- 0,62 % Kalzium
- 0,349 % Magnesium
- 0,318 % Phosphor
- 0,0147 % Mangan
- 0,0132 % Silicium
- 0,011 % Vitamin C
- 0,0075 % Betacarotin
- 0,0039 % Chrom
- 0,0039 % Eisen
- 0,0025 % Kobalt
- 0,0025 % Selen
- 0,0015 % Zink
- 0,0015 % Zinn

MEIN RAT

Steviapflanzen dürfen, trotz der Zulassung von Steviosid, nach wie vor nicht als Nahrungsmittel verkauft werden, wohl aber als Zierpflanze. Allerdings ist es nicht verboten, sich aus den Blättern einen Tee zuzubereiten.

Die vier wichtigsten **Steviolglykoside** sind Steviosid, die Rebaudioside A und C sowie Dulcosid A. Von der Qualität her soll Steviosid und vor allem Rebaudiosid A die besten Eigenschaften aufweisen. Bei ihrer Verwendung wird die geringste Bitterwirkung wahrgenommen, es entsteht kein lakritzartiger **Nachgeschmack** und es ist am süßesten. Daher gehen die Bemühungen dahin, nicht die Gesamtbreite des Steviols zum Süßen zu verwenden, sondern lediglich die gereinigten, **reinen Substanzen** Steviosid oder Rebaudiosid.

Wertvolle Inhaltsstoffe

Kohlenhydrate sind unentbehrlich für die Ernährung des Menschen. Faserstoffe sind wichtig für eine gute Verdauung.

Das Element **Kalium** reguliert den Flüssigkeitshaushalt der Zellen und sorgt für einen Säure-Basen-Ausgleich.

Kalzium ist wichtig für den Knochenaufbau, für Zähne und Zahnschmelz. Es kann nicht vom Körper gespeichert werden und muss daher regelmäßig durch die Nahrung zugeführt werden.

Magnesium beugt Krankheiten am Herzen vor und soll einen positiven Einfluss bei der Krebsbekämpfung haben. Magnesiumgaben können Krämpfe schnell lösen und werden häufig in Form von Brausetabletten angeboten.

Von Phosphor bis Zinn

Phosphor ist ein Energielieferant und am Aufbau von Knochen und Zähnen beteiligt. **Mangan** ist für den Stoffwechsel wichtig und trägt zur Knorpelbildung bei. Auch an der Wärmeregulierung ist Mangan maßgebend beteiligt, ebenso ist es unentbehrlich bei der Produktion von Insulin. Manganmangel kann zu Sterilität und Missbildungen des Knochensystems führen.

Silicium (Kieselsäure) ist wichtig für den Aufbau der Haut, der Haare und der Nägel. **Vitamin C** ist das »Lebensvitamin« schlechthin und unentbehrlich für das menschliche Leben. **Betacarotin** als Antioxidant verhindert den

> ## Stevia rebaudiana
>
> Die wichtigsten Süßstoffe und ihre Süßkraft im Vergleich zu Zucker *)
>
> 1 60–70 % Stevioside, ca. 200 ×
> 2 20–30 % Rebaudioside A, ca. 300 ×
> 3 5–10 % Rebaudioside C, ca. 100 ×
> 4 5–10 % Dulcoside A, ca. 70 ×
> sowie in Spuren Rebaudiosid D, E, F
>
> ──────────────
> *) nach Dr. Udo Kienle

Angriff freier Radikale auf den Körper. **Chrom** kann den Blutzuckerspiegel senken und einen bereits bestehenden Diabetes positiv beeinflussen.

Eisen ist bekannt als blutbildend und die Farbe der roten Blutkörperchen ist auf das Element Eisen zurückzuführen. Es ist für den Stoffwechsel außerordentlich wichtig. Ist Eisen nicht in ausreichender Menge vorhanden, können die Folgen vielfältig sein, vor allem tritt Müdigkeit auf, die Haut ist blass und die Haare fallen aus. **Kobalt** ist wichtig bei der Blutbildung und ist mitverantwortlich für ein intaktes Nervensystem. **Selen** ist wie Betacarotin ein Fänger freier Radikale und Blutdruckregulator. **Zink** stärkt das Immunsystem und fördert die Gedächtnisleistung, zudem ist es wichtig für die Funktion der Augen-Hornhaut und der Netzhaut. **Zinn** ist ebenfalls in Spuren in der Steviapflanze zu finden. Die Bedeutung dieses Elements für den Stoffwechsel des Menschen ist noch nicht ausreichend geklärt.

Ernte mit einer selbst konstruierten Erntemaschine in Paraguay.

Die Süße industriell gewinnen

Es sind die Inhaltsstoffe der Stevia, die sie zu einer besonderen Pflanze machen, der wohl die Zukunft gehört – jedenfalls insoweit, als dass sie zur wichtigsten Zuckerquelle werden könnte. Wobei sich in diesem Zusammenhang das Wort »Zucker« auf die Süßkraft der Pflanze bezieht.

Bei den süßen Molekülen handelt es sich um Steviol, das ein Stoffwechselprodukt der Steviapflanze ist. Bekannt ist, dass diese chemische Verbindung auch von der Chinesischen Brombeere *(Rubus suavissimus)* gebildet wird. Weitere Steviol bildenden Pflanzenarten sind bislang nicht bekannt. Die Steviasüße wird in großem Stil industriell aus den Blättern der Pflanze gewonnen.

Das Verfahren

Um reine Steviolglykoside in großem Umfang aus Stevia zu gewinnen, ist ein recht aufwendiges industrielles Verfahren notwendig. Seit 1920 wird Stevia dazu in Plantagen angebaut, um die begehrten Inhaltsstoffe zu gewinnen. Die **Herstellung** beinhaltet verschiedene Schritte, die zum Teil mehrfach durchlaufen werden müssen, um die gewünschte Steviolglykosid-Qualität und -Konzentration zu erreichen. Im Folgenden wird der Herstellungsablauf in den wichtigsten Schritten dargestellt:

1 Die Steviapflanzen werden geerntet und die Blätter von den Stielen getrennt. Anschließend werden die Blätter **getrocknet**.

2 Die gewünschten Inhaltsstoffe werden mithilfe von Lösungsmitteln wie Wasser oder Alkohol (Ethanol) aus den Blättern herausgelöst. Dieses Verfahren wird **Mazeration** genannt, das Produkt ist entsprechend das Mazerat.

3 Durch den Einsatz von Salzen wie Calciumhydroxid oder anderen Substanzen wird die Konzentration der Steviolglykoside erhöht. Bei dieser **Fällung**, wie das Verfahren genannt wird, können auch andere Verbindungen entstehen, die im weiteren Verfahren wieder entfernt werden müssen.

4 Die so gewonnene Substanz wird entfärbt und es erfolgt eine weitere **Reinigung**.

5 Abschließend erfolgt die **Kristallisation** des in alkoholischer Lösung vorliegenden Steviolglykosids. Dieses Verfahren kann mehrfach erforderlich sein, um eine hohe Reinheit zu erzielen. Es wird angestrebt, einen **Reinheitsgrad** von 95 % oder höher zu erreichen.

Würde der Geschmack von Zucker mit dem Süßefaktor 1 bezeichnet, bekäme Steviosid, den Süßefaktor > 300. Denn die Süßkraft von Steviosid übersteigt die von Saccharose, dem Haushaltszucker, um das mindestens 300-Fache.

Steviosid, viel süßer als Zucker

Unter Zucker versteht man heute ganz allgemein Substanzen, die zum Süßen verwendet

MEIN RAT

Im Handel sind elektronische Geräte oder Applikationen (»Apps«) erhältlich, zum Beispiel zu Mobiltelefonen, die innerhalb kürzester Zeit alle relevanten Daten zu einem bestimmten Produkt auf dem Display anzeigen, wenn der spezielle, in diesem Fall auf der Schokoladenverpackung angebrachte EAN-Code, eingescannt wird. Das Einscannen erfolgt in den meisten Fällen über die Optik einer eingebauten Digitalkamera.

werden. Andere **süße Substanzen** können schädlich oder gar **tödlich** auf den Menschen wirken. Dazu zählen die süß schmeckenden Samen des Stechapfels *(Datura stramonium)*, das süße Fleisch der Tollkirsche *(Atropa belladonna)* und die süße Flüssigkeit Diethylenglycol, auch als Frostschutzmittel bekannt. Letzte-

Transport der Trockenhorden, Siebe mit getrockneten Steviablättern.

res wurde wegen seiner Konsistenz und seines süßen Geschmacks von einigen Winzern zur Streckung und »Verbesserung« minderer Weinqualitäten verwendet. Millionen Flaschen von Wein mussten daraufhin vom Markt genommen werden. Weltweit gibt es immer wieder Todesfälle, die durch den Verzehr von Diethylenglycol verursacht werden.

Stevioside und Schokolade

Nachdem industriell hergestellte Stevioside als Süßungsmittel in der EU zugelassen wurden, sind jetzt auch verschiedene steviagesüßte Schokoladen im Handel. Hierzu zählen nicht nur solche in Tafelform.

Auch Trinkschokoladenzubereitungen können als Süßungsmittel Steviolglykoside enthalten. Allerdings darf nicht davon ausgegangen werden, solche Schokoladen könnten nun als kalorienfreie oder zumindest kalorienarme Lebensmittel auch von Menschen unbedenklich verzehrt werden, die an Adipositas, Diabetes oder anderen Zivilisationskrankheiten leiden.

Auch wenn solche Süßigkeiten durch die Substitution von Zucker oder eines Teiles des Zuckers kalorienärmer als übliche Schokoladen sind, so hält sich ihre Kalorienarmut in den meisten Fällen dennoch in Grenzen. Schokolade kann je nach Art einen hohen Anteil an Kakao oder Milch enthalten. 100 g Milchschokolade enthalten etwa ein Viertel des Tagesbedarfes an Kalorien eines erwachsenen Menschen. Hier sollte vor dem Verzehr gegebenenfalls auf die Zutatenliste und die Nährwerttabelle geschaut werden.

Zucker

Der übliche kohlenhydratreiche Zucker mit der Summenformel $C_{12}H_{22}O_{11}$ hat drei wichtige Eigenschaften:

1 Er ist ein Nahrungsmittel, dessen Kohlenhydratanteil 100 % beträgt.

2 Er ist mit 410 Kalorien (kcal, 1715 kJ) pro 100 G nährstoffreich und damit ein energielieferndes Lebensmittel.

3 Er ist zuckersüß.

Steviosid

Steviosid ist der süßeliefernde Teil aus den Blättern der Steviapflanze. Auch Steviosid hat drei wichtige Eigenschaften:

1 Es ist kein Nahrungsmittel und frei von Kohlenhydraten.

2 Es ist mit praktisch 0 Kalorien nährstoff-frei und liefert keine Energie.

3 Es ist 300-mal zuckersüß.

Steviagesüßte Schokolade hat deutlich weniger Kalorien, doch ein kritischer Blick auf die Nährwert-tabelle ist trotzdem angebracht.

Stevia für die Gesundheit

Stevia ist ausgestattet mit vielen positiven Eigenschaften. Noch heute wird die Stevia in ihrer Heimat nicht nur als Süßkraut genutzt, sie hat dort auch einen hervorragenden Ruf als Heilpflanze und wird gegen vielerlei Leiden eingesetzt.

Hoffnung für Diabetiker

Die Zuckerkrankheit ist eine häufig auftretende und sich in rasantem Tempo ausbreitende Stoffwechselerkrankung. Diabetes gilt als **Zivilisationskrankheit**, weil sie mit einem gesteigerten Maß an Zivilisation mehr und mehr Menschen befällt. Die Ernährung wird meist immer üppiger, für den Menschen aber nicht zuträglicher. Die Zuckerkrankheit schleicht sich in das Leben der Betroffenen und tritt mit ihren negativen Auswirkungen erst dann in Erscheinung, wenn die Symptome auch von Dritten nicht mehr zu übersehen sind. **Diabetes mellitus** bedeutet frei übersetzt »Honigsüßer Durchfluss«; gemeint ist mit dieser Umschreibung der Geschmack des Urins von Erkrankten. In zurückliegenden Jahrhunderten, als es noch keine

anderen Testverfahren gab, war es die Geschmacksprobe, die Hinweise auf die Erkrankung gab. Das erkannte der britische Arzt Thomas Willis im 17. Jahrhundert. Teststreifen zur Ermittlung von Zucker im Urin reagieren erst bei recht hohen Werten, während der süße Geschmack des Urins bereits früher deutlich bemerkbar ist. Die Ursache dieser Erkrankung, nämlich eine Fehlfunktion der **Bauchspeicheldrüse**, wurde erst zu Anfang des vergangenen Jahrhunderts erkannt.

Diabetes durch Überernährung

Erste Diabetes-Anzeichen werden oft zuerst von Außenstehenden wahrgenommen. Man selbst hat sich vielleicht daran gewöhnt, häufiger Wasser lassen zu müssen und immer durstig zu sein. Schließlich laufen getrunkene Flüssigkeiten schnell wieder aus dem Körper heraus.

Der durch **Überernährung** ausgelöste Diabetes des Typs 2 (siehe Kasten) war auch in den Industrienationen in Kriegszeiten ebenso unbekannt, wie er es in wenig wohlhabenden Staaten heute noch ist. Denn es liegt in erster Linie an einer falschen Ernährung, wenn diese Krankheit auftritt. Es ist zwar bekannt, dass auch eine gewisse genetische Disposition ursächlich an der Entstehung von Diabetes beteiligt sein kann. Demgegenüber ist **übermäßiges** und kohlenhydratreiches Essen der letzte Anstoß, der dann zum Ausbruch der Erkrankung führt.

Diabetes-Typen

Typ 1:
Die Zellen der Bauchspeicheldrüse, die normalerweise Insulin produzieren, stellen das Hormon nicht mehr her. Die Ursache kann eine Autoimmunerkrankung sein.

Typ 2:
Insulin wird in zu geringen Mengen produziert oder die Reaktion des Körpers auf das Insulin ist nicht ausreichend oder beides trifft in Kombination zu.
Bei gesunden Nicht-Diabetikern liegt die Blutzucker-Konzentration im nüchternen Zustand zwischen 60 und 100 mg/dl.

Nicht nur das Alter ist entscheidend

Da Diabetes nicht zeitnah nach übermäßigem Essen auftritt, sondern Jahre oder Jahrzehnte bis zum Ausbruch im Alter vergehen können, spricht man hier auch von **Altersdiabetes**. Gleichwohl kann Altersdiabetes auch schon in jungen Lebensjahren auftreten.

Ein Regelwerk ist aus dem Takt

Der Großteil der menschlichen Nahrung besteht aus Kohlenhydraten, wozu eben auch der Zucker zählt.

Die Nahrung gelangt in den Magen, dann in den Darm und dort werden die Kohlenhydrate durch Enzyme aufgespalten, wodurch Zucker entsteht, der über die Darmwand ins Blut aufgenommen wird. Der Zuckerspiegel im Blut erhöht sich. Zur Versorgung der Zellen mit dem aufgenommenen Zucker ist die Hilfe von Insulin erforderlich, das von der Bauchspeicheldrüse ausgeschüttet wird, sobald der Blutzuckerspiegel ansteigt. Als Folge der Insulinausschüttung sinkt der **Blutzuckerspiegel** wieder. Wird ein bestimmter Wert erreicht, schüttet – ebenfalls die Bauchspeicheldrüse – das Hormon **Glukagon** aus, das den Zuckerwert schnell wieder ansteigen lässt.

Dieser Regelmechanismus ist bei Diabetikern mehr oder minder gestört. Eine der Folgen kann ein erhöhter Blutdruck sein und damit die entsprechenden **Folgeerscheinungen** wie Retinaerkrankungen der Augen, Nervenstörungen (Missempfindungen) sowie Probleme bei der Wundheilung.

Der cephalische Effekt

Für Diabetiker besonders gefährlich sind Einfachzucker, weil sie sofort vom Blut aufgenommen werden. Eine große Menge solcher Zucker finden sich in Weintrauben und anderen süßen Obstarten sowie in Honig. Zwei- und Mehrfachzucker müssen zuerst durch Enzyme in **Einfachzucker** aufgespalten werden, wodurch sich die Aufnahme in den Körper über eine gewisse Zeitspanne hinzieht.

Steviosid als Süßungsmittel stellt eine hervorragende **Alternative** zu Zucker dar. Allerdings

Mit Stevia gesüßte Lebensmittel sind unbedenklich für Diabetiker.

kam im Zusammenhang mit dem Verzehr dieses Süßungsmittels die Frage auf, ob hierbei nicht auch ein cephalischer Effekt eintreten könne. Das bedeutet, dass nach dem Konsum von künstlichen Süßstoffen, wie auch von Steviosid, dem Körper die Aufnahme von Zucker vorgegaukelt wird, woraufhin Insulin ausgeschüttet wird. Da sich jedoch kein wirklicher Zucker im Blut angereichert hat, bewirkt der höhere **Insulinspiegel** ein Absinken der vorhandenen Zuckerkonzentration. Dies verursacht in der Folge ein Hungergefühl, dessen Befriedigung dann längerfristig zu einer Gewichtszunahme bei den Betroffenen führen würde. Und das wäre genau der gegenteilige Effekt, den man sich wünschen würde.

Diese Annahme wurde inzwischen jedoch von verschiedenen Wissenschaftlern widerlegt. Ein möglicher cephalischer Effekt speziell durch Steviosid wurde von Dr. Udo Kienle wissenschaftlich untersucht. Dabei stellte sich heraus, dass die Verabreichung von Steviosid in einer Reinheit von 99 % keinerlei Auswirkung auf den Insulinspiegel und den Blutzuckerwert der Probanden hatte. Dieser Befund zeigt einmal mehr deutlich, wie wertvoll Stevia als Zuckerersatz besonders für Diabetiker ist.

Aus diesem Grund ist Steviosid im Gegensatz zu Traubenzucker aber auch nicht dazu geeignet, bei akuter **Unterzuckerung** den benötigten Zucker zuzuführen.

Stevia-Tee mit frischen Blättern, rechts: Schwarzer Tee mit Stevia-Tabs gesüßt.

Kohlenhydratzufuhr bremsen

Der Ersatz von Zucker durch Steviasüße, auch bei einer nicht manifestierten Zuckerkrankheit, schützt sogar indirekt vor der Erkrankung, weil die Aufnahme von zu vielen Kohlenhydraten auf diese Weise unterbunden wird.

In ihrem Buch »Stevia, sündhaft süß und urgesund« berichtet die Autorin Barbara Simonsohn davon, in Brasilien sei Tee aus Steviablättern und Stevia-Kapseln offiziell als **Heilmittel** anerkannt. Überall in Paraguay und Brasilien sei Stevia als Medikament zur Behandlung von Diabetes bekannt.

Sogar die schlimmen Folgen eines Diabetes könnten mithilfe von Stevia gebessert werden, so jedenfalls die persönlichen Erfahrungen einer Krankenschwester und Krankenhausseelsorgerin aus Norddeutschland. Die Ärzte ihres diabeteskranken Vaters , der schon seit langer Zeit an einem »**offenen Bein**« leidet, sahen keine Behandlungsmöglichkeiten mehr, um sein Bein zu retten. Doch das wollte die Tochter nicht akzeptieren. Ihr Glück war, dass sie die besonderen Vorzüge der Stevia kannte. Darum bereitete sie ihrem Vater eine Salbe, die Stevia enthielt und trug sie über einige Wochen immer wieder auf die offenen Bereiche auf. Und das Wunder geschah: Langsam schloss sich die Wunde und das Bein konnte schließlich gerettet werden. Inzwischen überlegt die Tochter, diese äußerst **hilfreiche Salbe** auch für andere Betroffene verfügbar zu machen. Allerdings ist es sehr schwierig, auf offiziellem Weg Menschen mit offenbar wirkungsvollen, aber nicht zugelassenen Präparaten zu helfen.

Allergien und Stevia?

Es gibt bisher kaum Berichte über Menschen, die allergisch auf Steviaprodukte reagieren. Offensichtlich ist das Allergiepotenzial der Pflanze sehr gering.
Es muss jedoch davon ausgegangen werden, das Stevia, wie alle Pflanzen, bei Menschen mit einer entsprechenden Disposition allergische Reaktionen auslösen kann. Es existieren vereinzelt solche Berichte, wobei man allerdings auch berücksichtigen muss, dass die beschriebenen allergischen Reaktionen möglicherweise auch auf Zusatzstoffe in Steviazubereitungen zurückzuführen sind.

Es genügt nicht, auf erfolgreiche Behandlungen mit dem Präparat verweisen zu können. Es müssen, neben weiteren Erfordernissen, geeignete wissenschaftliche Studien vorgelegt werden, die immer den Einsatz erheblicher finanzieller Mittel bedeuten. Somit ist man in der Regel auf die Zusammenarbeit z. B. mit einem pharmazeutischen Unternehmen angewiesen.

Inzwischen empfehlen auch Ärzte und Diabetologen erkrankten Menschen Stevia als Süßungsmittel dem sonst üblichen Haushaltszucker vorzuziehen. Stevia ist gerade für Diabetiker das ideale Mittel zum Süßen, ohne ein schlechtes Gewissen zu erzeugen, seiner Gesundheit geschadet zu haben.

Stevia bei Pilzinfektionen?

Candida albicans ist ein allgegenwärtiger **Hefe-pilz**, der sich naturgemäß im Darm aufhält, aber nicht weiter in Erscheinung tritt. Ist das Immunsystem in seiner Gesamtheit intakt, wird er sich kaum zeigen. Anders ist es bei Menschen, die aus irgendwelchen Gründen geschwächt sind, die an Krankheiten leiden oder deren Immunsystem in Mitleidenschaft gezogen ist. Findet der Candidapilz solche günstigen Bedingungen vor, kann er außerhalb des Darms an anderen Stellen des Körpers als **Mykose** (Candidose oder Soor) in Erscheinung treten. Betroffen werden können der Bereich um den Mund, die Speiseröhre und der Darm bis zum Darmausgang sowie das gesamte Urogenitalsystem, ebenso dauerfeuchte Bereiche der Haut wie Bauchfalten oder die Oberschenkelinnenseiten. Lebensgefährlich kann die Infektion werden, wenn auch innere Organe, vor allem die Bronchien, befallen sind.

Eine gefährliche Mykose

Candida albicans kann den Körper über Jahre großflächig besiedeln und dauerhaft seine giftigen Stoffwechselprodukte abgeben. Solche systemischen Infektionen können dann nur schwer erfolgreich behandelt werden.

Diabetiker sind gefährdet, weil nicht verstoffwechselter Zucker die Ausbreitung zuckerliebender **Hefepilze** fördert. Auch dauerhafter negativer Stress, die regelmäßige Einnahme der Pille, AIDS, eine Chemotherapie oder die längerfristige Einnahme bestimmter Medikamente können die

Immunabwehr deutlich herunterfahren. Und schließlich zählen zu den möglichen auslösenden Faktoren auch **Antibiotika-Behandlungen**, wobei es sich zum Beispiel bei Penicillin ebenfalls um einen Wirkstoff aus einem Pilz handelt.

Zucker ersetzen durch Stevia

Bei einer bestehenden Candidose sollte Zucker gegen Steviaprodukte ausgetauscht werden und auf Brot aus »weißen« Mehlen verzichtet werden; **Roggenbrot** ist vorzuziehen. Letzteres wird im Darm weniger schnell in Zucker umgewandelt. Sehr hilfreich kann auch der Extrakt aus **Grapefruitkernen** (GKE) sein. So verzeichnete der New Yorker Arzt Dr. Galland einen großen Erfolg gegen Pilzinfektionen des Darmes durch die Behandlung mit GKE. Er behandelte 297 Candida-Patienten und hatte nur zwei Fehlschläge zu verzeichnen.

Dr. Paul Belaiche veröffentlichte 1985 übrigens auch Untersuchungsergebnisse hinsichtlich der Wirksamkeit von **Teebaumöl** bei der Behandlung von 28 Frauen, die mit vaginalen Hefepilzen infiziert waren. Davon wurden nach einem Monat 20 von ihnen als geheilt eingestuft. Während der gesamten Behandlungszeit und möglichst auch danach sollte Haushaltszucker durch Steviasüße ersetzt werden. Dann kann auch ohne Probleme der häufig bei Candida-Patienten auftretende **Heißhunger** auf Süßes gefahrlos bekämpft werden. Allerdings sollte eine Candida-Behandlung nicht in Eigenregie durchgeführt werden, dafür gibt es Ärzte.

Mit Stevia gegen Karies

Zahnpasta vs. Karies, kann das erfolgreich sein? Warum wird Stevia-Zahnpasta dann nicht häufiger benutzt?

Karies ist Zahnfäule. In wissenschaftlichen Untersuchungen durch Studenten der österreichischen Höheren Bundesanstalt für Landwirtschaft (HLFS Ursprung) wurde nach dem Wirkmechanismus geforscht, durch den Stevioside in Zahncremes **Kariesbefall** an Zähnen verhindern.

Zunächst wurden dafür drei *Streptococcus-mutans*-Kulturen angelegt, wobei die Nährlösungen mit Zucker, Stevia und zur Kontrolle auch mit dem in Gemüsesorten und Obst vorkommenden Süßungsmittel **Xylit** angereichert wurden. Xylit hat dieselbe Süßkraft wie Zucker, jedoch nur den halben Kaloriengehalt.

Der Gehalt der Nährmedien an Zucker, Steviosid und Xylit wurde in Relation gebracht zu der von ihnen ausgehenden Süßkraft. Nach einiger Zeit wurde festgestellt, dass die Bakterienkonzentration in allen drei Proben etwa gleich stark war. Einige Zeit später zeigte sich, dass die Konzentration auf dem Zuckermedium stark abnahm.

Ein unerwartetes Ergebnis

Dieses unerwartete Ergebnis fand eine Erklärung. Bei den Proben mit Zucker als Nährlösung bilden die *Streptococcus*-Bakterien eine Art Plaque und verkleben an den Rändern. Durch diesen Prozess sank der pH-Wert auf 4 ab,

während er bei den anderen Proben bei über 5 verblieb. Daraus kann der Schluss gezogen werden, dass die **zahnschädigende Wirkung** von Zucker ihren Grund darin hat, dass die von den Bakterien während der Verdauung von Zucker ausgeschiedenen Stoffwechselprodukte sauer sind und somit den pH-Wert im Mundraum senken. Dadurch entsteht der klebrige Biofilm mit dem Namen **Plaque**, der mit den *Streptococcus mutans* Bakterien durchsetzt ist, die für die Bildung der Löcher verantwortlich sind. Steviosid und Xylit »füttern« das Bakterium zwar auch, es werden dabei aber keine sauren Stoffwechselprodukte freigesetzt und es kann in der Folge keine Plaquebildung erfolgen.

Zahnpasta mit Stevia-Zusatz beugt Karies vor.

Stevia zur Gewichtsreduzierung

Weil Stevia praktisch frei ist von Kalorien und denselben Anwendungsbereich wie Zucker hat, nämlich das Süßen von Speisen und Getränken, Zucker allerdings mit einem Nährwert von 410 kcal/100 g, lohnt es sich, Gewohnheiten zu überdenken.

Die Zahl Übergewichtiger steigt

Die Anzahl der Übergewichtigen weltweit steigt zusehends. Alleine in den USA sind über zwei Drittel der Menschen übergewichtig – mit steigender Tendenz. In Deutschland sind es fast 50 %. Das liegt zu einem großen Teil an falschen Essgewohnheiten, aber auch an äußeren und inneren Umständen, z.B. durch dauerndes Fernsehen (Bewegungsarmut), falsche Lebensmittelauswahl durch materielle Armut oder tief verwurzelte **Verhaltensmuster** (»Du isst deinen Teller leer«), die gerne als Begründung vorgeschoben werden. Man sucht nach Entschuldigungen für sein Verhalten oder redet

die persönliche Verantwortung klein. Nach einer US-Studie soll mäßiges **Übergewicht** (Body-Mass-Index bis 30*) sogar lebensverlängernd wirken, jedenfalls verglichen mit dem prognostizierten Lebensalter Untergewichtiger. Doch extremes Übergewicht (Adipositas) vermindert die Lebensqualität und ist oft die Ursache von Depressionen. Hat man sich erst einmal ein zu hohes Gewicht angefuttert, ist es schwer, davon wieder herunterzukommen. Insbesondere älteren Menschen fällt das schwer.

Fast alle erheblich Übergewichtigen fühlen sich in ihrer Haut unwohl, doch viele schaffen es nicht, auf Dickmacher zu verzichten. Zudem ist Übergewicht mit ein Auslöser von vielen gefährlichen **Krankheiten** wie Bluthochdruck, Schlaganfall, Herzinfarkt, Thrombosen, Gicht, Erkrankungen des Bewegungsapparates sowie frühzeitig eintretender Arthrose.

Krank durch Fabrikzucker

Die Wahrheit über Zucker ist Fachleuten schon lange bekannt. Dr. Max Otto Bruker hat das in seinem Buch »Zucker, Zucker – Krank durch Fabrikzucker« eindringlich beschrieben. Der Arzt erläutert dort u.a. die lebensbedrohenden Krankheiten, die auf den **überhöhten Zuckerkonsum** (»Weißes Gift«) zurückzuführen sind. Er macht allerdings auch Hoffnung: Sind Organe noch nicht irreversibel geschädigt, kann sich das Krankheitsbild bei zuckerfreier Ernährung zurückbilden.

Der BMI

* Der Body-Mass-Index (BMI) wird folgendermaßen berechnet:
Köpergewicht in Kilogramm dividiert durch das Quadrat der Körpergröße in Meter.
Der BMI-Normalwert liegt bei 20 bis 25, darunterliegende Werte zeigen Untergewicht an, darüber liegende Übergewicht.

Süß macht glücklich

Wie soll Stevia hier helfen? Ein Großteil der Dickmacher ist süß. Süß macht glücklich, der Verzehr süßer Lebensmittel erzeugt ein Zufriedenheitsgefühl. Zwischendurch einmal **Schokolade** genascht (569 kcal/100 g) – das baut auf.

Werden diese und andere dickmachende Nahrungsmittel entschärft, würde damit ein erheblicher Teil der übermäßigen Kalorienzufuhr wegfallen. Und die natürliche Süße der Stevia ist ein wunderbares Entschärfungsmittel.

Zunächst einmal sollte man sich den Gaumenverführern nicht hingeben. Und wer dann noch immer zu Süßem greift, dem hilft die Steviasüße, die zusätzlich noch das Verlangen nach anderen **Süßigkeiten** dämpfen soll (B. Simonsohn in »Stevia, sündhaft süß und urgesund«).

Kalorienabbau durch körperliche Betätigung

Wer auf Produkte zurückgreift, die mit Stevia gesüßt sind, nimmt kaum Energie zu sich. Wird Zucker konsumiert, ist das für den Körper eine enorme Energiezufuhr, die in aller Regel durch körperliche Aktivität nur schwer abgebaut werden kann. Als 90-kg-Mensch müsste man eine halbe Stunde Gymnastik treiben, um 136 Kilokalorien zu verbrennen, also die Energie, die in einer knappen viertel Tafel Schokolade steckt.

Nicht selten aber beträgt die überflüssige **tägliche Energiezufuhr** 1500 kcal oder mehr. Um zu verhindern, dass diese aufgenommenen Kalorien neue Fettpolster bilden, müsste man täglich zwei Stunden joggen (mit mindestens 9 km/h) oder drei Stunden Aerobic betreiben oder drei Stunden Fahrrad fahren (mit etwa 15 km/h) oder fünf Stunden spazieren gehen. Wer kann das schon leisten, und das jeden Tag? Es hilft also nichts, die Kalorienzufuhr muss gedrosselt werden. Anderenfalls werden langsam aber stetig **Fettpolster** angelegt, das mündet schließlich in Übergewicht oder Adipositas mit all den negativen Konsequenzen.

Menschen wollen gesünder leben

Warum hat Stevia so viele Vorzüge? Und warum werden sie vielen Menschen erst jetzt bekannt? Bei einer überaus positiven Berichterstattung egal zu welchem Thema ist immer zu bedenken, dass sich Menschen für ein Produkt bzw. in diesem Fall für eine Pflanzenart besonders einsetzen und dann ausschließlich von ihren Vorteilen berichten, wenn sie selbst davon völlig überzeugt sind oder Vorteile durch das Produkt oder seine Vermarktung haben. Dann ist es natürlich möglich, dass Vorzüge übertrieben werden und Nachteile unerwähnt bleiben.

Andererseits ist zu bedenken, dass Menschen oft über viele Jahrhunderte höchst positive **Erfahrungen** mit bestimmten Pflanzen gesammelt haben. Es gibt Kräuter, von denen tatsächlich nur Gutes zu berichten ist. Vielleicht könnten moderne Verfahren auch Nachteiliges beweisen, aber was sagt das schon, wenn die Nachteile nie zum Tragen kommen? Und ist es wirklich ein Manko der Pflanze, wenn sie als gefährlich eingestuft wird, weil Versuche **negative Wirkungen** gezeitigt haben, sofern man unvorstellbare Mengen von ihnen zu sich nimmt? Unter dieser Voraussetzung wäre auch unser lebensnotwendiges Wasser ein Gift.

Stevia gegen Hautprobleme

Neben den vielen anderen Vorzügen soll Stevia auch Hautprobleme positiv beeinflussen. Die Indianer Südamerikas setzten Stevia schon immer gegen Hautprobleme ein und nutzten es als hautpflegendes Mittel. Inzwischen sind in vielen Ländern **Hautpflegemittel** und Kosmetika auf Steviabasis erhältlich, auch in der EU. Obgleich manchen Steviaprodukten nachgesagt wird, sie seien nur deshalb im Handel, um damit das Verbot für den Verkauf als Lebensmittelzusatzstoff zu umgehen, so ist das bei Hautpflegeprodukten sicher nicht der Fall.

Gute Pflege für die Haut

Pflegemittel können auch aus frischem Pflanzenmaterial gewonnen werden. So können frisch geerntete Steviablätter zerrupft und auf die Haut aufgelegt werden und dort ihre positive Wirkung entfalten. Der **Blättersaft** wirkt glättend bei Falten und Runzeln. Auch **Gesichtsmasken** aus Heilerde, die mit frischen oder getrockneten Steviablättern versetzt wird, sind wirkungsvoll.

Mit der folgenden Rezeptur kann eine heilsame Gesichtspflegemaske gegen unreine Haut, Akne und Ekzeme hergestellt werden. Sie wirkt aber auch ganz allgemein hautpflegend. Die Zutaten:

- 4 gestrichene Esslöffel Heilerde (zur äußerlichen Anwendung),
- ein gestrichener Esslöffel grünes, fein gemahlenes Steviapulver und
- 2–3 Esslöffel Wasser.

Die Zutaten werden zu einer cremigen Paste verrührt. Anschließend wird die Maske aufgetragen, wobei Augen und Mund ausgespart werden. Nach einer Einwirkzeit von 20–30 Minuten, sobald die Heilpaste getrocknet ist, wird sie vorsichtig mit lauwarmem Wasser abgewaschen. Der wohltuende Effekt ist bereits nach einigen wenigen Anwendungen deutlich spürbar.

Auch gegen Herpes simplex, Ekzeme und Schuppenflechte soll Stevia nach Barbara Simonsohn erfolgreich eingesetzt werden können. So hat sich bei den Indianern Südamerikas das Betupfen betroffener Hautstellen mit **Steviaextrakt** bewährt. Ferner gibt es Berichte über den erfolgreichen, unterstützenden Einsatz von Stevia bei Zahnfleischentzündungen.

Haarpflege mit Stevia-Shampoo

Steviaprodukte werden auch als Badezusatz und zur Haarpflege angewandt. Ein pflegendes **Shampoo** kann nach folgendem Rezept selbst hergestellt werden:

Ein Basisshampoo wird in einer kleinen Schale mit einem Teelöffel weißem Steviapulver (Steviosid) verrührt. Anschließend wird das Stevia-Shampoo auf die nassen Haare aufgetragen. Es soll mindestens fünf Minuten einwirken. Dann werden die Haare wie gewohnt gewaschen und anschließend gut ausgespült, danach trocken frottiert.

Stevia – Zusatz für Tierfutter?

Solange in der EU das von vielen Menschen nachgefragte Süßungsmittel Stevia bzw. der reine Wirkstoff Steviosid trotz vieler positiver Gutachten noch nicht zugelassen war, sah sich so mancher Händler veranlasst, das Verkaufsverbot als Lebensmittel oder Lebensmittelzusatzstoff »legal« zu umgehen. So wurde der Stoff einfach als Tierfutter deklariert und verkauft, was nicht verboten war. Was der Kunde mit dem erworbenen Produkt machte, war seine eigene Angelegenheit.

Allerdings, um beim Thema zu bleiben, sollen Süßungsmittel zuweilen auch in der **Tierzucht** angewendet werden. So soll der süße Geschmack des Futters bei Tieren, die ihn wahrnehmen können, das Fressverhalten positiv beeinflussen. Die hin und wieder verbreitete Ansicht, der Grund für die Anwendung von Stevia in der Tieraufzucht wäre der durch die Gabe von Süßstoffen ausgelöste cephalische Effekt (siehe auch Seite 44), ist hingegen nachweislich falsch. Insulin wird ausgeschüttet, wenn die Blutzuckerkonzentration ansteigt, nicht wenn die Sinneswahrnehmung dem Gehirn einen süßen Geschmack meldet.

Verblüffende Erfolge

Wie Petra Helmreich von YerbaBuena aus Paraguay berichtet, setzen die Mennoniten im Chaco, einem recht unwirtlichen und heißen Gebiet Paraguays, ihrem Tierfutter Stevia zu. Dadurch würde in ihren Kolonien die gesün-

deste Milch und das beste Fleisch produziert. Ferner wird der Eigengeruch des **Schweinefleisches** reduziert und es sei schmackhafter, weil es einen deutlich erhöhten Anteil an Aminosäuren aufweise.

Bei der Fütterung von **Geflügel** mit Stevia als Zusatzstoff werden Eier mit sehr harter Schale produziert, was auch Vorteile für Verpackung und Transport mit sich bringe. Und wegen des so gesteigerten Appetits erhöhe sich auch die Legeleistung, so Petra Helmreich. Demnach hat die Verfütterung von Stevia deutlich positive Auswirkungen auch für die kommerzielle Tierzucht.

Heilkräfte der Natur: Stevia und Heilerde zur Pflege der Haut.

Süßen mit Stevia

Für die Verarbeitung in der Küche ist Steviosid bestens geeignet, es zersetzt sich nicht und der Schmelzpunkt liegt bei 198 °C. Zudem kann es mit anderen Produkten der Lebensmittelzubereitung gemeinsam verwendet werden.

Backen und Kochen

Ein wichtiger Anwendungsbereich von Stevia ist die Herstellung von Backwaren. Dabei ist es leider nicht möglich, bestehende Rezepte einfach zu übernehmen und den Zucker durch die entsprechende Süßkraft zu ersetzen, die durch

Steviosid dem Backprodukt zugesetzt wird. Rezepte müssen völlig neu entwickelt werden, weil ein großer Teil der ursprünglich zum **Backen** verwendeten Kohlenhydrate in Form von Zucker wegfällt.

Zudem muss bei der Erstellung neuer Rezepte bedacht werden, dass die anzugebenden Mengen von Stevia bzw. Steviosid nur dann vergleichbar sind, wenn das Produkt stets in gleicher Konzentration vorliegt. Doch das ist nicht immer der Fall! Zwar wird bei der Zulassung eines Produktes ein **Reinheitswert** für das Steviosid festgelegt werden, der sicher nicht

Zum Nachtisch etwas Süßes: Joghurt mit Stevia-Tee gesüßt.

unter 95 % liegt, doch die daraus hergestellten Süßstoffe können eine ganz andere Konzentration aufweisen; zum Beispiel bei Steviaprodukten in wässriger Lösung oder in Alkohol. Bei den im Kapitel »Kochen mit Stevia« vorgestellten Rezepten wird in der Regel auf die Art des verwendeten Stevia-Süßstoffes hingewiesen. Dennoch sollte bei der Herstellung immer eine **Probeverkostung** z. B. des Teiges vorgenommen werden, um die tatsächlich gewünschte Süßkraft zu erhalten.

Speisen und Getränke süßen

Die Produzenten standen in den Startlöchern: Als Stevioside EU-weit als Lebensmittelzusatzstoffe zugelassen wurden, war es möglich, viele Produkte, die bis dahin mit synthetisch hergestellten Süßstoffen gesüßt am Markt platziert wurden, nunmehr zusätzlich oder ausschließlich steviagesüßt anzubieten.

Dasselbe gilt für Getränke, insbesondere für solche mit dem Namenszusatz »light«. Auch der Markt für **Diabetikerprodukte** wird sich zukünftig umorientieren müssen. Denn trotz offizieller Unbedenklichkeit hinsichtlich der Verwendung künstlicher Süßstoffe wie Aspartam und Cyclamat lassen sich negative Gerüchte nicht vollständig wegleugnen. Viele Verbraucher werden nach steviagesüßten Produkten greifen, alleine schon deshalb, weil es sich bei dem Süßungsmittel um ein Naturprodukt handelt – jedenfalls was die pflanzliche Basis betrifft. Ein **Riesenmarkt** wird sich in der Zukunft etablieren, überwiegend wohl auf Kosten des bisherigen Marktes für künstliche Süßstoffe.

MEIN RAT

Die Verwendung des Süßstoffes GrooVia® kann das Dosieren erleichtern. Bei diesem Produkt handelt es sich um eine Mischung aus Steviolglykosiden (Reinheit > 95 %) mit dem Trägerstoff Erythritol, einem Zuckeraustauschstoff. Nach B. Speck (medherbs Schweiz) entspricht ein Teelöffel GrooVia® (ca. 8 g) der Süßkraft von 32 g Zucker.

Steviagesüßter Bio-Joghurt

Obwohl Stevia in Paraguay schon seit hunderten von Jahren zum Süßen benutzt wird und auch als Heilkraut Verwendung findet, war selbst dort bis vor Kurzem noch niemand auf die Idee gekommen, zum Beispiel Joghurt damit zu süßen. Nach Petra Helmreich ist der Grund dafür, dass Stevia in dem südamerikanischen Land eher traditionell verwendet wird und weniger in industriell hergestellten Produkten. Allerdings kann es nach A. Konrad Fleitas, dem Präsidenten der Kooperative Colonias Unidas, auch an den **Investitionskosten** für die Produktionsanlage gelegen haben. Immerhin ist das Produkt heute in unterschiedlichen Geschmacksrichtungen verfügbar.

Doch weitaus überraschender ist die Tatsache, dass steviagesüßter Joghurt nunmehr auch in Deutschland verfügbar ist. Die Andechser **Molkerei Schleitz** süßt Joghurt zum Teil mit nicht verbotenem Stevia-Tee. Eine Unterlassungsverfügung des Verbraucherschutzamtes konnte die Firma erfolgreich durch Gerichtsurteil abwehren (Az. M18K11.2918), Berufung ist zugelassen.

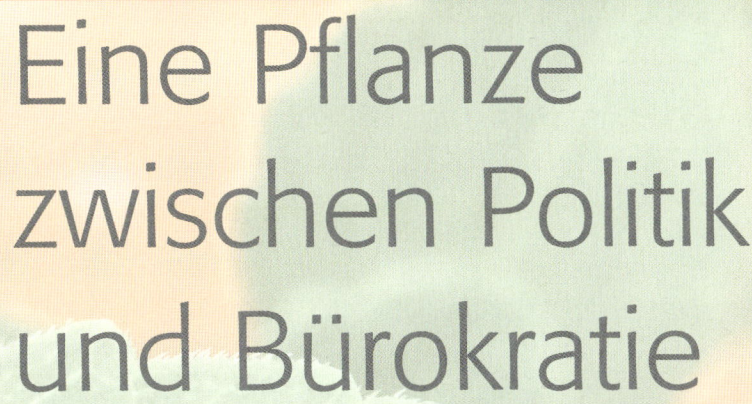

Eine Pflanze zwischen Politik und Bürokratie

Es hat eine lange Zeit gebraucht, bis Steviasüße in der EU zugelassen wurde. Viele Diskussionen, oft derb geführte verbale Kämpfe, gingen der Entscheidung voraus. Warum wird Stevia in einigen Teilen der Welt hochgelobt, in anderen verschmäht? Sicher – da gibt es Verordnungen, die eingehalten werden müssen. Doch vielleicht liegen auch die Interessen mancher Gruppen noch zu weit auseinander.

Die »Novel-Food-Verordnung«

Wir verzehren täglich Produkte, die aus vielen unterschiedlichen Nutzpflanzen hergestellt werden. Kaum jemand macht sich Gedanken darüber, ob die Pflanzen oder die Produkte daraus gefährlich für die menschliche Gesundheit sein könnten. Bisher war es so: Sind Pflanzenteile ungenießbar, isst man sie nicht. Niemand käme auf den Gedanken, grüne Kartoffelknollen zu verarbeiten. Oder wer würde unreife und harte, noch grünfarbige Tomaten einfach roh verspeisen? Würden **Gesetzesvorschriften** uns solcher Pflanzen berauben, wäre unser Leben zumindest stark eingeschränkt. Ein Leben ohne Kartoffeln oder ohne Tomaten? Undenkbar!

Die Novel Food Verordnung (NFV, eigentlich »Verordnung über neuartige Lebensmittel und neuartige Lebensmittelzutaten«), ist ein Instrument, das u. a. »neuartige« Pflanzen oder Pflanzenprodukte verbieten kann, wenn sie kein aufwendiges, langwieriges und teures Zulassungsverfahren erfolgreich durchlaufen haben. In diesem Zulassungsverfahren muss bewiesen werden, dass die Pflanze oder ihre Produkte für den Verzehr durch den Menschen absolut ungefährlich sind.

Das mag vernünftig erscheinen. Man kann diese Praxis aber auch skeptisch sehen. Denn

Produkte aus der Noni-Frucht fallen auch unter die Novel-Food-Verordnung.

die Pflicht zur Zulassung **neuartiger Pflanzen** besteht nur für diejenigen, die nach dem Inkrafttreten der Novel-Food-Verordnung im Frühjahr 1997 in den Verkehr gebracht werden sollen. Für andere gilt das Gesetz nicht. Mit Sicherheit hätten Tomaten und Kartoffeln heute kaum eine Chance, als Lebensmittel zugelassen zu werden, würden sie als neuartig eingestuft. Und vielen anderen Obst- und Gemüsesorten ginge es nicht besser.

Zum Schutz der Verbraucher

Seit 1997 soll die Novel Food Verordnung EU-Bürger unter anderem vor den Gefahren durch neue Nutzpflanzen schützen, sofern sie nicht die Zulassungsprozedur erfolgreich durchlaufen haben – auch wenn sie anderswo auf der Welt schon lange in Kultur sind, wie die Stevia. Manche halten dieses Vorgehen für eine staatlich angeordnete »Zwangsbeglückung«, andere begrüßen die Verordnung, da sie nur so die Sicherheit hinsichtlich des Verzehrs neuer Lebensmittel und Lebensmittelzutaten gewährleistet sehen. Auch im Hinblick auf die Verwendung gentechnisch veränderter Organismen soll die NFV die Verbraucher schützen.

Nicht nur Stevia …

Die Verordnung war so tatsächlich ein Hindernis für Stevia. Andererseits sollte nicht vergessen werden, dass diese Verordnung zum Schutz der Verbraucher erlassen wurde. Auffällig ist dabei jedoch die Abruptheit. Im Grunde muss von einem zum anderen Tag ein Lebensmittel vom Markt genommen werden, weil es sich zuvor nur in kleiner Menge auf dem Markt befand.

Hinweis

Aufgabe der Novel Food Verordnung ist der Schutz der Verbraucher in der EU.

Doch nicht nur Stevia war betroffen, ebenso der vitaminreiche Saft der **Nonifrucht** *(Morinda citrifolia)*. Nach Auskunft des BfR (Bundesamt für Risikobewertung) gelten Noni-Säfte als neuartige Lebensmittel. Eine Genehmigung durch die Europäische Kommission wurde dem Erstanbieter erteilt. Inzwischen wurde auch Noni-Konzentrat zugelassen. Viele andere Noni-Produkte wie Kapseln, Tees und Extrakte sind weder gesundheitlich bewertet noch zugelassen.

Ist Stevia für Menschen gefährlich?

Lebensmittelzusatzstoffe müssen von der zuständigen Behörde zugelassen werden, um den Verbraucher vor möglichen gesundheitlichen Schäden zu schützen. Ein **Zulassungsverfahren** kann daher nur eröffnet werden, wenn die erforderlichen wissenschaftlichen Studien und Untersuchungsergebnisse vorliegen. Wird ein Verfahren abgelehnt, waren die Vorbereitungen zur Vorlage des Antrages nicht ausreichend. Diese Vorbereitung kann sehr teuer werden.

Gefährliche Gerüchte

Gerüchte und Halbwahrheiten können dem Ruf eines Produktes abträglich sein. Zuweilen wurde in Bezug auf den Verzehr von Stevia von einem möglichen Krebsrisiko berichtet.

Wichtige Information

Durch diverse wissenschaftliche Untersuchungen ist gesichert, dass Stevioside und Rebaudiosid A bei der Verwendung als Süßstoff keinen Krebs auslösen.

Stevioside hemmten in Versuchen die Bildung von **Hautkrebs** bei Mäusen, welcher von Peroxynitrit gefördert wird (Konoshima und Takasaki, 2002). Die Autoren schließen daraus, dass Steviosid ein wertvolles natürliches Süßungsmittel ist und auch dazu geeignet sein könnte, durch Chemikalien ausgelöste Krebsbildung zu verhindern.

Gesundheitsgefahren nicht bekannt

In dreimonatigen Studien im Jahr 2000 wurde an 60 Probanden der Einfluss des Verzehrs von täglich dreimal 250 mg Steviosid auf den **Blutdruck** erforscht. Der systolische und der diastolische Wert sanken während dieser Zeit von durchschnittlich 166/102 auf 153/90, ohne Einfluss auf die männliche **Potenz**.

Auch der Hinweis auf eine mögliche kontrazeptive Wirkung, von der gelegentlich noch immer die Rede ist, trifft nachweislich nicht zu. Nach Kienle berichteten die Wissenschaftler Planas und Kuc in einer wissenschaftlichen Studie, die 1968 im Wissenschaftsmagazin »Science« veröffentlicht wurde, von einem deutlichen Rückgang der Fruchtbarkeit bei Versuchsratten, die einen wässrigen Auszug aus gekochten Steviablättern erhielten. Doch diese Ergebnisse fanden in der Folgezeit keine Bestätigung. Einer der Verfasser, Prof. Kuc, gab später an, dass die Ergebnisse nicht wiederholt werden konnten.

Dennoch wird der warnende Hinweis auf eine kontrazeptive Wirkung immer wieder offensichtlich ungeprüft übernommen. Sogar in der 2. Auflage des anerkannten vierbändigen Werkes von Mansfeld, dem »Verzeichnis landwirtschaftlicher und gärtnerischer Kulturpflanzen«, ist diese Fehlinformation noch enthalten. Derzeit sind keine **Studien** bekannt, die Gesundheitsgefahren bei der bestimmungsgemäßen Nutzung von Steviosid zum Süßen nachweisen konnten.

Der ADI-Wert

Beim ADI-Wert handelt es sich um eine Bezugsgröße, die angibt, wie viel eines bestimmten Stoffes ein Mensch lebenslang täglich essen kann, ohne mit gesundheitlichen Problemen rechnen zu müssen. Die Abkürzung ADI bedeutet »acceptable daily intake«. Der Wert wird in Milligramm pro Kilogramm Körpergewicht und Tag (mg/kg*d) angegeben.

Grundlage für die Ermittlung des ADI sind **Tierversuche**. Hierbei wird der zu testende Zusatzstoff in Testreihen in unterschiedlicher Dosierung verabreicht und gemessen, bis zu welcher Verzehrmenge keine gesundheitsschädigenden Effekte auftreten. Es wird davon ausgegangen, dass die Verdauungs-, Stoffwechsel- und Ausscheidungswerte der Versuchstiere denen des Menschen entsprechen. Der dabei ermittelte sogenannte No-observed-effect-Level (NOEL-Wert) wird mit einem Sicherheitsfaktor von 10 multipliziert auf den Menschen übertragen. Ein zusätzlicher Sicherheitsfaktor von 10 soll dafür sorgen, dass auch nicht gesunde, nicht optimal ernährte oder besonders empfindliche Menschen keine Schäden durch die untersuchten Stoffe erleiden. Das so berechnete Ergebnis ist dann der ADI-Wert. Letztendlich kann von einem **Sicherheitsfaktor** der Größe 100 ausgegangen werden.

Wegen des hohen Sicherheitsfaktors wird der ADI-Wert nicht als Grenzwert angesehen. Wird er einmal innerhalb des Sicherheitsbereiches maßvoll überschritten, besteht auch weiterhin keine Gefahr. Allerdings soll seine dauerhafte Überschreitung vermieden werden.

Es gibt zugelassene **Lebensmittelzusatzstoffe**, denen kein ADI-Wert zugeteilt ist. Das ist dann der Fall, wenn davon auszugehen ist, dass der Stoff keine Schäden erwarten lässt, und das obwohl keine klinischen Daten vorliegen.

Süßen ohne Reue

Der dem Süßstoff Steviosid zugeordnete ADI-Wert von 4*) besagt, dass dieses Süßungsmittel lebenslang in einer Menge von 4 mg/kg Körpergewicht verzehrt werden kann, ohne Gesundheitsschäden erwarten zu lassen. Geht man von einer 85 kg schweren Person aus, dürfte sie täglich 85 × 4 mg **Steviosid** zu sich nehmen, das sind etwa 0,34 g. Multipliziert man diesen Wert mit dem Faktor, der die Süßkraft von Steviosid gegenüber der von Haushaltszucker ausdrückt, nämlich 300, kommt man auf einen Wert von 102. Dieser ist maßgebend für die Zuckermenge, die der erlaubten täglichen Aufnahme von Steviosid entspricht.

Tabelle der ADI-Werte

E-Nr.	Substanz	ADI-Wert (max)	Süßkraft gegenüber Zucker
950	Acesulfam K	9	130–200
951	Aspartam	40	200
952	Cyclamat	7	30–50
959	Neohesperidin	5	600
961	Neotam	2	7000–13000
954	Saccharin	5	300–500
420	Sorbit	ohne	0,5
960	Steviosid	4*)	300
955	Sucralose	15	600
957	Thaumatin	ohne	2000–3000

Die Weltgesundheitsorganisation WHO empfiehlt die durchschnittliche tägliche Zuckeraufnahme auf 50 bis 60 g zu beschränken. In Deutschland werden allerdings ca. 35 kg Zucker pro Person und Jahr verbraucht. Daraus ergibt sich ein tatsächlicher täglicher **Zuckerkonsum** von knapp 100 g. Die Spitzenreiter sind Brasilien und Israel mit 54 kg pro Jahr.

Beträgt der tägliche Zuckerverbrauch wie in Deutschland ca. 100 g, könnte er – theoretisch – durch den Verzehr von Steviosid ersetzt werden. Diese Substitution läge im Rahmen des gültigen ADI-Wertes.

---

* Nach Peter Grosser (EUSTAS) ist dieser Wert unzutreffend, weil er sich auf Steviol-Äquivalente beziehe und nicht auf Steviolglykoside. Entsprechend umgerechnet ergäbe sich ein ADI-Wert für die zur Süßung verwendeten Steviolglykoside von ca. 10–12 mg/kg*d. Das würde bedeuten, dass der tägliche Süßekonsum eines Menschen insgesamt durch Steviosid ersetzt werden könne.

Befürworter und Gegner, wer hat Recht?

Diese Fragestellung war in der Vergangenheit oft Grundlage von Diskussionen, inzwischen gibt es weniger Diskussionsraum für **Stevia- gegner**. Nach zahlreichen wissenschaftlichen Untersuchungen, den Erfahrungen in weiten Bevölkerungskreisen und tatsächlich durch die problemlose jahrhundertelange Nutzung von Stevia in Paraguay sowie durch Erfahrungswerte aus immerhin 25 Jahre der Nutzung in Japan werden die Gegenargumente knapp.

Pro und Kontra: Pro

Die **Steviabefürworter** sind für die Verwendung und Freigabe, möge kommen was wolle. Egal, Stevia ist für sie das beste Süßungsmittel und alle anderen synthetisch hergestellten Substan-

Die süße Lust Zucker wird dem Konsumenten in vielerlei Art angeboten.

zen sind unterlegen, und der ganz normale Haushaltszucker aus Rüben oder Zuckerrohr erst recht. Stevia ist allein schon deshalb vor- zuziehen, weil es nichts mit Chemie zu tun hat, sondern mit Natur und mit Pflanzen. Manch einer wünscht sich die Zulassung auch der Blätter als Nahrungsergänzungsmittel. Und be- reits heute dürfen die Blätter, wenn sie zu Tee verarbeitet wurden, gemäß Gerichtsentscheid verwendet werden.

Kontra

Die andere Gruppe, die Steviagegner, hatten stets neue Einwände, die verhindern sollten, dass Stevia bzw. Steviolglykoside zügig zugelas- sen werden. Mal waren es die vor einigen Jah- ren durch die Presse gegangenen Versuche mit **Laborratten**, bei denen sich gezeigt haben soll, dass Stevia bei den Nagern bei allerdings extre- mer Überfütterung krebserregende Eigenschaf- ten hat. Dann war es die Behauptung, Stevia mache Männer zeugungsunfähig. Schließlich wurden Informationen verbreitet, die Stevia in Zusammenhang mit Genmanipulation brachten.

Lobbyarbeit

Dass Interessenvertreter der chemischen Indus- trie weniger an der Zulassung von Steviosid als Nahrungsergänzungsmittel interessiert waren, weil damit der Markt für andere, bereits etab- lierte synthetische und kalorienfreie Süßungs- mittel gefährdet sein könnte, ist sicherlich mög- lich. Verschiedene **Patente** laufen aus, sodass der Preis für Süßstoffe eher zurückgehen wird.

Bei der Herstellung von Steviolglykosiden ist zu bedenken, dass es sich um ein aufwendiges **chemisches Verfahren** handelt, das sicher ein typisches Feld für die chemische Industrie darstellt. Eine Zulassungsverweigerungshaltung wäre nicht dauerhaft durchzuhalten gewesen.

Für die Lobby der Zuckerindustrie war eine Verweigerungshaltung bzw. Ablehnung der EU-Zulassung noch weniger plausibel, denn es waren bereits verschiedene Zuckerersatzstoffe am Markt, die sich dort ihren Platz erobert hatten, der Zuckerindustrie aber nicht dauerhaft schadeten. Warum sollte das anders werden nach der Zulassung von Steviosid? Vielleicht ein gewisser »Natürlich-Effekt«, da es sich beim Ausgangsstoff um eine Pflanze handelt, ein **Naturprodukt**. Oder weil diesem Süßungsmittel so viele Vorteile zugeschrieben wurden und kaum Nachteile?

Es wurde mit harten Bandagen gekämpft, schließlich könnte sich das Geschäft mit Stevia zu einem Milliardenmarkt entwickeln. Schon jetzt werden in den Ländern, in denen Stevia schon länger erlaubt ist, riesige Umsätze getätigt – vielleicht weil Stevia als pflanzliches Produkt gilt? Doch wie viel »Natur« ist in dem hochreinen Endprodukt wirklich noch enthalten?

Stevia – bald überall erlaubt?

In der Vergangenheit wurden diverse Anträge gestellt, Steviolglykoside als Lebensmittelzusatzstoff zuzulassen, jedoch waren alle letztendlich erfolglos. Dann traten die Cargill Inc. aus den USA, M. Kagaku Co aus Japan und die European Stevia Association (EUSTAS) aus Spanien gemeinsam als Antragsteller auf. Gerade die EUSTAS mit ihrem Mitgründer Peter Grosser

setzte sich in **Deutschland** schon seit Jahren intensiv für die Zulassung von Steviosid ein. Dann erfolgte das von vielen Erwartete:

Mit Beschluss der EU-Kommission Nr. 1131/2011 vom 11. November 2011 wurden Steviolglykoside, gewonnen aus den Blättern der Steviapflanze, als Lebensmittelzusatzstoff mit der Bezeichnung E 960 in der EU zugelassen. Die Zulassung trat 20 Tage später in Kraft.

Stevia in aller Welt!?

In den USA gilt Steviosid als Nahrungsergänzungsmittel, Coca Cola verkauft dort bereits die steviagesüßte Sprite Green und Pepsi seine Limonade PureVia. In Südamerika und in asiatischen Ländern wie Japan, China, Indien, Thailand, aber auch in Israel, ist die Süße aus Stevia dem Zucker als Süßungsmittel gleichgestellt. In der Schweiz ist z. B. der Handel mit **Kräutertees** zulässig, die kleine Mengen Steviablätter enthalten. Der Schweizer Limonadenhersteller Storms hat als erster in Europa eine Sondergenehmigung erhalten und darf seine Stevia-Limonade verkaufen. In Frankreich bestand bereits vor der EU-Zulassung eine per Dekret auf zwei Jahre beschränkte Zulassung.

Steviapflanzen jetzt auch zugelassen?

Die EU-Zulassung bezieht sich nicht auf die Steviapflanze oder auf Teile davon. Als erlaubter Lebensmittelzusatzstoff sind demnach nicht die frischen oder getrockneten und verarbeiteten Blätter der Steviapflanze zu betrachten, sondern ausschließlich Steviolglykoside mit einer Reinheit von mindestens 95 %. Die Verwendung von Steviablättern zur Herstellung von Tee bleibt durch den EU-Beschluss unberührt.

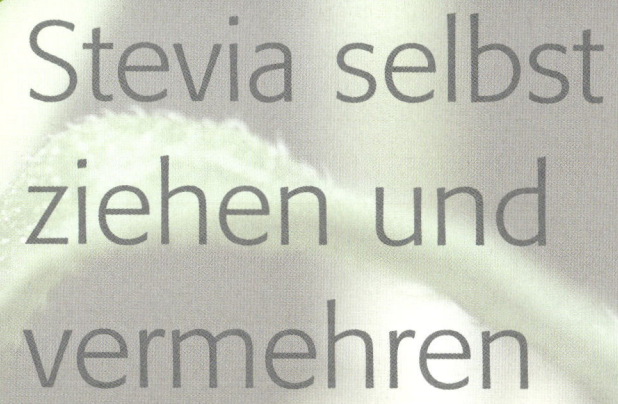

Stevia selbst ziehen und vermehren

Mit *Stevia rebaudiana* steht eine Pflanze zur Verfügung, die einfach zu kultivieren ist und mit der ein Großteil des täglichen Zuckerbedarfes gedeckt werden kann. Zudem birgt die Steviasüße nicht die Nachteile, die Haushaltszucker aufweist.

Zucker aus eigenem Anbau

Es ist schon außergewöhnlich, seinen Zuckerbedarf zu großen Teilen ganz einfach im eigenen Garten, im Gewächshaus, auf der Terrasse, dem Balkon oder gar auf der Fensterbank selbst anzubauen. Steviapflanzen nehmen nicht viel Platz in Anspruch und versorgen einen Haushalt mit reichlich Süßungsmittel. Anders als z. B. bei Zuckerrüben. Man kann sie natürlich auch in den Garten pflanzen oder in einen großen Kübel, aber das ist sehr aufwendig, pflegeintensiv und die kalorienreiche Süßkraft muss aus der Rübe erst einmal gewonnen werden. Für den »Normalbürger« ist die nötige Prozedur um-

ständlich und die gewonnene Zuckermenge ist relativ gering (siehe Seite 14). Um die entsprechende Süßkraft einer einzigen Steviapflanze durch das Pflanzen von Zuckerrüben in einem »Durchschnittsgarten« zu erzeugen, würde für andere Pflanzen kaum noch Platz bleiben.

Und der Anbau von Zuckerrohr ist in unserem Klimabereich sicher nur für Menschen interessant, die ein spezielles Interesse an dieser Pflanze haben, nicht aber, um daraus wirtschaftlich Zucker zu gewinnen. Es spricht also vieles dafür, Stevia selbst anzubauen.

Stevia-Anbau in Paraguay.

Allgemeines zur Kultur

Stevia ist eine Pflanzenart, die in höheren Lagen subtropischer Gebiete in Südamerika heimisch ist. In ihrem Hauptverbreitungsgebiet in Paraguay und in Teilen Brasiliens ist sie häufig in nährstoffhaltigen bis nährstoffreichen, feuchten Böden anzutreffen, die niemals austrocknen, zum Beispiel in der Nähe von Flussläufen. Die Steviapflanze passt sich bis zu einem gewissen Grad an, doch mag sie keinesfalls Kälte und trockenen oder auch dauernassen **Boden**. Auch von windigen Lagen ist möglichst abzusehen, weil ihre langen Triebe recht brüchig sind. Daher sollte ihr bei uns in Mitteleuropa ein geschützter Platz geboten werden.

Das bedeutet: nicht zugig, weil die Triebe bruchempfindlich sind und umknicken können. Es bedeutet auch, einen eher warmen Platz zu bevorzugen. Wände geben in der Nacht die tagsüber gespeicherte Wärme ab und verhindern so, dass die nächtlichen Temperaturen allzu stark absinken. Aber nicht an einer Nordwand pflanzen, da diese die kälteste und sonnenärmste Lage darstellt.

Stevia ist eine Kurztagspflanze

Im subtropischen Paraguay, in der Heimat der Stevia, ist im Jahresverlauf der Unterschied zwischen Tages- und Nachtlänge nicht sehr groß. Je weiter man sich vom Äquator bzw. von den Wendekreisen entfernt, desto größer wird der Unterschied zwischen Tages- und Nachtlänge im Laufe eines Jahres. Die Wendekreise, gelegen etwa 23,5° nördlicher bzw. südlicher Breite in Richtung der Pole, gelten als Grenze zu den Subtropen.

Tages- und Nachtlänge

Wenn die Rede ist von Tageslänge, ist damit die Zeit zwischen Sonnenauf- und -untergang gemeint. Demzufolge ist die Nachtlänge die Zeit zwischen Sonnenunter- und -aufgang.

In der gemäßigten Zone in der Europa liegt, sind die Tage im Sommer wesentlich länger als die Nächte. Für die Steviakultur bedeutet das, dass das Wachstum der Pflanze an den langen Sommertagen deutlich positiv beeinflusst wird. Es kann sich somit viel und über einen langen Zeitraum immer wieder neue Blattmasse bilden. Steviakultur in den gemäßigten Breiten ist somit nicht nur möglich, sondern kann auch sehr wirtschaftlich sein. Insofern ist die nicht vorhandene **Winterhärte** der Stevia durchaus kein Punkt, der den erfolgreichen Anbau bei uns verhindert. Mehr dazu später.

Natürlich muss berücksichtigt werden, dass Stevia im Freiland nicht durchkultiviert werden kann, sondern dass sie erst im Frühjahr, frühestens nach den letzten Frösten ausgepflanzt werden darf. Im Allgemeinen ist Ende

Kurztagspflanze Stevia

Die Blüteninduktion erfolgt bei *Stevia rebaudiana* im Spätsommer oder im Herbst, wenn die Tage kürzer und die Nächte länger werden.

Mai bis Anfang Juni ein günstiger Zeitpunkt (siehe auch Seite 73). Es ist im Grunde nicht von Vorteil, wenn Stevia zur Blüte kommt und Samen ansetzt.

Blütenbildung, Bestäubung und Samenbildung

In ihrer Heimat wächst Stevia zu einer mehrjährigen, kräftigen Staude heran. Ihre festen, harten Stängel können verholzen, was allerdings nicht vergleichbar ist mit der Bildung von Zweigen und Ästen bei Sträuchern und Bäumen. Schon junge, d. h. einjährige Pflanzen setzen gewöhnlich **Blüten** an. Wichtig ist die »Verkürzung« der Tage, d. h. der Nachtanteil eines Tages wird länger und der Taganteil, also die Zeit des Hellseins, wird kürzer. Jetzt erhält die Pflanze den Impuls, das Wachstum der Pflanzenorgane zu fördern, die letztendlich der geschlechtlichen Vermehrung und somit dem Erhalt der Art dienen, dazu dienen zuerst die Blüten. Blüht die Pflanze im Sommer, hat sie ausreichend Zeit, nach der Bestäubung durch den Wind oder Insekten **Samen** zu bilden und diese können in Ruhe ausreifen. In der Heimat der Stevia stellt das Ausreifen kein Problem dar, denn auch die Winter sind warm. In unseren Breitengraden oder auch weiter nördlich reifen die Samen weniger gut aus, trotz intensiver Blüte. Es muss auch bedacht werden, dass der größte Teil der in **Mitteleuropa** gehandelten Steviapflanzen auf vegetativem Wege vermehrt wurde und von nur sehr wenigen Mutterpflanzen abstammt. Einen erheblichen Anteil daran haben Steviakulturen aus Israel. Von dort gehen jährlich große Mengen an Stecklingen und Jungpflanzen in die Europäische Union.

Wie muss der Boden beschaffen sein?

Welche Bedeutung hat der Boden für eine Pflanze? Er soll ihr Standfestigkeit geben und er ist für den Wasserhaushalt (die Bodenfeuchtigkeit) maßgebend. Er ist auch für die Nährstoffspeicherung und deren Pflanzenverfügbarkeit ausschlaggebend. Die Standfestigkeit ist u. a. abhängig von der **Bodenart** in Verbindung mit der Wurzelbildung der Pflanze. Wasser wird von lehmhaltigen Böden besser gespeichert als von sandhaltigen. Reine Sandböden lassen keine Wasserspeicherung zu. Nährstoffe werden dort gut gespeichert, wo auch Wasser (Feuchtigkeit) gespeichert wird. Allerdings können Nährstoffe nur dann gespeichert und von der Pflanze aufgenommen werden, wenn sie vorhanden sind und die erforderliche Bodenreaktion, ausgedrückt im pH-Wert, für die Pflanze vorliegt. Gewöhnlich ist das der Fall, wenn der Boden Humus enthält.

Boden und Nährstoffe

Alle vorgenannten Merkmale für den Boden und seine Zusammensetzung können in der Regel künstlich nachempfunden werden. So kann die Standfestigkeit einer Pflanze auch durch das Fixieren an einem Stützstab erreicht werden. Die erforderliche Feuchtigkeit kann durch gezielte Wassergaben gewährleistet werden und der Nährstoffbedarf wird ebenfalls durch entsprechende Nährstoffgaben im erforderlichen pH-Bereich befriedigt.

Diese Art der Pflanzenhaltung ist vergleichbar mit der **Hydrokultur**. Auch hier wird der Pflanze kein Boden oder Substrat geboten, welches sie am natürlichen Standort vorfindet. Ihr wird eben nur das gegeben, was sie (offensichtlich) benötigt.

Noch deutlicher ist das Beispiel in der erwerbsmäßigen Tomatenkultur: Das Wurzelwerk der an Bändern oder andersartig befestigten Pflanzen wird nur noch in Abständen mit einer wässrigen Nährstofflösung besprüht. Optimal ausgeklügelte Systeme ermöglichen so größtmögliche und wirtschaftliche Ernten.

Der Boden in der Heimat

Der Boden in der paraguayischen Heimat der Stevia ist im Allgemeinen sandig, schluffig (lehmhaltig) und leicht mit Humus angereichert. Bestens geeignet für die »natürliche« Steviakultur ist daher ein lockerer, sandiger, nährstoffreicher Boden, der zusätzlich einen Lehmanteil aufweist. Im Grunde ist daher eine große Vielfalt an unterschiedlichen Böden zur Kultur von Stevia geeignet. Diese sollten gegebenenfalls noch verbessert werden.

Sandiger Boden (auch Geestboden) kann durch die Einarbeitung von Lehm/Ton und Kompost wesentlich verbessert werden und eine erfolgreiche Steviakultur ermöglichen. Entsteht auf dem Lehm- oder stark lehmhaltigen Boden Staunässe, kann eine **Bodenlockerung** durch das Einarbeiten von (Quarz-)Sand erfolgen. Zusätzliche Kompostgaben sind ebenfalls hilfreich, wenn der Nährstoffgehalt sehr niedrig ist.

Nährstoffreicher, feuchter, nicht dauernasser Boden bedarf für die erfolgreiche Steviakultur kaum einer Verbesserung. In Norddeutschland sind das beispielsweise die sogenannten

MEIN RAT

Es ist keinesfalls notwendig, die Bodenbeschaffenheit am Naturstandort der Steviapflanze möglichst genau nachzuahmen. Es ist viel besser und auch einfacher, im Rahmen unserer Möglichkeiten der Pflanze das zu bieten, was sie für ein gutes Gedeihen benötigt.

Marschböden. Sie sind reich an pflanzenverfügbaren Nährstoffen und neigen nicht zum Austrocknen. Ihre Bodenreaktion liegt im leicht sauren oder im neutralen bis leicht alkalischen Bereich (pH 6 bis 8). Es handelt sich dabei um sehr fruchtbare Böden, die in Flussniederungen zu finden sind.

Insektenbestäubung durch Schwebfliege an Steviablüte.

Kompost

Kompost ist ein wertvoller natürlicher Dünger und Bodenverbesserer. Die in dem organischen Material (z.B. in Pflanzenabfällen, Hecken- und Grünschnitt, Küchenabfällen) enthaltenen Nährstoffe werden durch einen biologischen Prozess unter Einfluss von Sauerstoff, Bakterien und Pilzen (Rotte bzw. Kompostierung) zu Humus. Er ist das Ergebnis des Kompostierens. Humus ist hervorragend für die Nährstoffversorgung von Pflanzen geeignet.

Problemlos düngen

Stevia wächst in allen oben beschriebenen Böden auch ohne zusätzliche Düngergaben. Allerdings wird Stevia bei uns in der Regel nicht unbedingt als ganz normale Garten- oder als Zierpflanze angesehen und kultiviert, sondern allein deshalb gepflanzt, um ihre Blätter zu ernten – obgleich der Stevia durch ihre vielen kleinen, weißen, doldenartig angeordneten Blüten über dem sattgrünen Laub eine gewisse Zierwirkung nicht abgesprochen werden kann.

Um eine gute Blatternte zu ermöglichen, muss die Nährstoffversorgung stimmen. **Kompost-**

Wichtig für den Ertrag – gesunde reichliche Blattmasse.

gaben sind dafür gut geeignet, aber nicht jedem steht der Naturdünger zur Verfügung. Geeignet zur langfristigen Düngung sind auch Hornspäne, die in den Boden eingearbeitet werden und sich im Laufe der Zeit unter Mithilfe von Mikroorganismen im Boden zersetzen und zur **Stickstoffversorgung** beitragen. Knochenmehl versorgt den Boden in erster Linie mit Phosphor und Kalk. Hierdurch kann der pH-Wert leicht erhöht werden. Eine völlig ausreichende **Phosphorversorgung** kann auch das Untermischen von Asche aus verbranntem Stroh, Getreide oder Raps gewährleisten, wie Forschungsergebnisse belegen.

Pottasche (Kaliumcarbonat) kann den **Kaliumbedarf** der Pflanze befriedigen und wird bei Bedarf ebenfalls in den Boden eingearbeitet.

Gründüngung

Eine gute Möglichkeit zur Bodenverbesserung stellt die Gründüngung dar. So können z. B. Lupinen als Vorkultur auf einer Fläche ausgesät werden, auf der anschließend Steviapflanzen kultiviert werden sollen.

Lupinen bilden eine Pfahlwurzel. Die Pflanzen nehmen aus der Luft Stickstoff auf, den sie über ihre in die Tiefe wachsenden Wurzeln an das Erdreich abgeben. Sie können im Herbst zudem untergepflügt (oder untergegraben) werden. Dort findet anschließend durch Bodenlebewesen und Pilze ein Zersetzungsprozess statt, der für einen nährstoffreichen Boden sorgt. Über 25 kg »natürlicher« Stickstoff können so pro Hektar zur Verfügung gestellt werden. Eine zusätzliche **Stickstoffdüngung** ist dann in aller Regel nicht erforderlich.

MEIN RAT

Zum guten Gedeihen benötigen Pflanzen Nährstoffe, die sie dem Boden entnehmen. Reichen die vorhandenen Nährstoffe für die gewünschten Zwecke nicht aus, werden sie dem Boden zugeführt. Wer unsicher ist, sollte den Nährstoffstatus durch eine Bodenuntersuchung feststellen lassen.

Aber auch **Kreuzblütler** wie Raps oder Senf tragen zur Bodenverbesserung bei. Die Pflanzen sollen im Spätherbst bei offenen Böden in den Boden eingearbeitet werden; ein Zerschneiden der Pflanzenteile z. B. mit einem Rasenmäher oder Mulcher kann den Prozess unterstützen. Während des Zersetzungsprozesses der Pflanzenteile werden kontinuierlich Nährstoffe abgegeben. So kann man sich zusätzliches Düngen ersparen – auch auf mageren Böden.

MEIN RAT

Steviapflanzen sollen nicht überdüngt werden, weil das zu einer Überempfindlichkeit der Pflanzen gegenüber Schädlingen führen kann. Mastiges Blattwachstum durch Stickstoffüberdüngung ist der gewünschten Qualität zudem nicht förderlich, weil der Steviosidgehalt im Verhältnis zur Blattmasse nicht steigt, sondern eher sinkt.

Düngemittel-Zusammensetzung

Ein ausgewogener mineralischer Dünger sollte eine bestimmte Zusammensetzung der Hauptnährstoffe N-P-K (Stickstoff-Phosphor-Kalium) aufweisen und alle wichtigen Spurenelemente enthalten. Handelsüblich und geeignet ist z. B. ein Dünger in der Zusammensetzung N-P-K im Verhältnis 15:9:11 angereichert mit den Spurenelementen Magnesium, Eisen, Mangan, Kupfer, Zink, Bor und Molybdän. Bei zu sauren Böden kann mit einer Kalziumgabe der ph-Wert erhöht werden.

Mineraldünger

In mit Nährstoffen unterversorgten Böden können schnellwirksame Mineraldünger eingebracht werden. So kann die Steviapflanze auch hier erfolgreich kultiviert werden. Es ist zu beachten, dass der geringe Nährstoffgehalt eines Bodens nicht selten darauf zurückzuführen ist, dass es sich dabei um einen leichten, sandigen Boden handelt. Aus solchen Böden werden Nährstoffe leicht ausgewaschen – insbesondere durch stärkere Regenfälle. In dem Fall sollte nur in **kleineren Dosen** mehrfach in der Vegetionzeit gedüngt werden, um eine mögliche Grundwasserbelastung auszuschließen.

Die Gabe von mineralischen Langzeitdüngern ist eine recht zuverlässige Sache. Langzeitdün-

Viele kleine weiße Blüten zieren gut kultivierte Steviapflanzen.

ger bestehen aus kleinen, polymerumhüllten Kügelchen gemischt mit einem kleinen Anteil nicht umhüllten Düngers. Während Letzterer für eine gute Startwirkung des Düngers sorgt, sind die umhüllten Anteile für die **Langzeitwirkung** verantwortlich. Aus der Umhüllung gelangen die Nährstoffe in Abhängigkeit von der Temperatur des Substrates und der Bodenfeuchte in die Erde. Dieses geschieht kontinuierlich und über mehrere Monate hinweg, wobei die Wirkungsdauer abhängig ist vom jeweiligen Produkt.

Gute Erfolge werden erzielt bei einem erdfeuchten Substrat und einer Bodentemperatur um 20 °C. Niedrigere Temperaturen sorgen für eine verzögerte Düngemittelabgabe, höhere für eine beschleunigte.

Bei Freilandpflanzung sollten um eine Pflanze herum etwa 10 bis 20 g eines **5M-Langzeitdüngers** (Wirkungsdauer fünf Monate) 5 bis 10 cm tief in den Boden eingearbeitet werden. Dieser sorgt dann bis zum Herbst für die regelmäßige Nährstoffversorgung der Pflanze. Diese Methode hat sich bestens bewährt und erleichtert dem Gärtner die Arbeit enorm.

Flüssigdünger
Flüssigdünger werden mit dem Gießwasser im erforderlichen Verhältnis gemischt und zusammen ausgebracht.

Die **Ausbringung** kann vereinfacht werden durch Verwendung eines Düngemischers. Hierbei wird die eingefüllte Stammlösung mit dem durch das Gerät fließenden Wasser ausgebracht. So kann ein konstantes Mischungsverhältnis von etwa 0,1 % bis 1 % eingestellt werden.

Gießen – das richtige Maß

Ein trockener Boden ist für eine befriedigende Kultur schlecht geeignet. Bei der Auswahl des Pflanzareals sollte auf diesen Aspekt geachtet werden, anderenfalls muss man nach Bedarf zusätzlich wässern.

Auf der anderen Seite ist dauernasser oder langanhaltend **nasser Boden** ungeeignet, weil die Gefahr besteht, dass hier die Wurzeln der Pflanze in Fäulnis übergehen und die Pflanze wegen fehlenden Saftflusses abstirbt. Jungpflanzen verkraften weder einen langanhaltend nassen noch einen trockenen Boden, ältere nur kurzfristig. Es ist daher das optimale Mittelmaß zu finden.

Kräftig durchwurzelter Pflanzballen.

Stevia im eigenen Garten

Wer die Zuckerpflanze in seinem Garten anbauen möchte, wird es wohl weniger wegen der
Zierwirkung der Pflanze machen. In erster Linie
geht es um eine möglichst große Blatternte.

Den Boden bereiten

Der Boden, auf dem die Zuckerpflanzen kultiviert werden sollen, sollte durchlässig und nährstoffreich sein bzw. die zugeführten Nährstoffe
halten können. Hierfür eignen sich die meisten
Gartenböden. Sehr leichten Böden wird Kompost untergemischt, schwere **Lehmböden** kön-

Gut bewurzelter Steviasteckling.

nen durch Quarzsand durchlässiger gemacht
werden. Näheres zu den Böden wurde weiter
oben dargelegt.

Bei den für die Gartenkultur ausgewählten
Pflanzen wird es sich in erster Linie um gut bewurzelte und bereits treibende Pflanzen handeln. Frisch bewurzelte Stecklinge sollte man
noch eine Weile vorkultivieren, bevor sie ins
Freiland gepflanzt werden (siehe Seite 87).

Die Pflanzung vorbereiten

Wurden die Stecklinge unter Glas oder Folie
bzw. im Zimmergewächshaus angezogen, ist es
notwendig, sie vor dem Auspflanzen abzuhär-
ten. Das bedeutet, dass sie vor allem an die ge-
ringere Luftfeuchtigkeit im Freien und die
schwankenden Temperaturen gewöhnt werden
müssen. Zu diesem Zweck werden die Pflanzen
täglich ein wenig länger aus dem Gewächshaus
genommen und an einer sonnen- und windge-
schützten Stelle im Freien aufgestellt. Es genügt
meistens auch, das Gewächs- bzw. Anzuchthaus täglich zunehmend zu belüften. Nach
etwa sieben bis zehn Tagen ist der Abhärtungs-
prozess so weit fortgeschritten, dass das Auspflanzen beginnen kann. Aber Vorsicht: Weder
während des Abhärtens noch danach darf Stevia **Frost** ausgesetzt werden. Auch Temperaturen in der Nähe des Frostpunktes können gerade junge Pflanzen erheblich schädigen oder
sie vernichten. Aus diesem Grund ist es in unserem Klimabereich ratsam, mit dem Pflanzen

bis Ende Mai zu warten. Gewöhnlich ist das Risiko nach den Eisheiligen gering, noch einmal von Frost überrascht zu werden.

Die »Eisheiligen« bezeichnen die Namenstage von Heiligen, die auf die Tage vom 11. bis 13. Mai fallen. Hier treten meist mit Sicherheit meteorologische Witterungsregelfälle ein, sogenannte Singularitäten, die auf jahrhundertealten Erfahrungen von Personen beruhen, die regelmäßig Wetterdaten aufgezeichnet haben.

Wenn es nach dem **Auspflanzen** überraschenderweise doch noch einmal zu einem Kälteeinbruch kommt, können die Pflanzen mit einem über sie gelegten Vlies geschützt werden.

Der richtige Pflanzabstand

Vor dem Einpflanzen sollte der Boden aufgelockert werden. Das kann durch Umgraben oder Fräsen erfolgen. Das Volumen der **Pflanzlöcher** sollte ein Mehrfaches des Pflanzenballens betragen. Nach dem Einpflanzen wird die Erde leicht angedrückt. Da die Pflanzen um den Pflanzzeitpunkt noch recht klein sind, müssen sie nicht durch Stäbe vor dem Umknicken geschützt werden. Damit sich die Pflanzen bis zum Herbst gut entwickeln können, sollten sie in einem Abstand von 30 bis 40 cm gepflanzt werden. Nach dem Einsetzen werden sie gut angegossen, auch bei regnerischem Wetter, weil so ein guter **Bodenschluss** erreicht und somit das Anwachsen gefördert wird.

Soll eine größere Anzahl von Pflanzen im Garten kultiviert werden, können diese in Reihen gepflanzt werden. Der Reihenabstand sollte mindestens dem Pflanzenabstand entsprechen.

Ist genügend Platz vorhanden, kann auch ein Reihenabstand von 50 cm eingehalten werden.

Bewässerung der Pflanzen

Ein leicht feuchtes Substrat ist für eine optimale Steviakultur das beste. Daher muss bei trockenem Wetter gegossen werden. Hierzu eignet sich eine **Gießkanne**, deren Ausgussöffnungen klein sind. So entstehen beim Gießen dünne Strahlen, die der Zuckerpflanze nicht schaden. Ein zu starker Gießstrahl kann die brüchigen Triebe umknicken oder abbrechen lassen. Mit dem Gießwasser kann bei Bedarf auch Flüssigdünger ausgebracht werden.

Sehr komfortabel ist ein **automatisches Gießsystem**; im Handel sind verschiedene Varianten erhältlich. Für den Garten eignet sich die Tropfbewässerung. Dabei wird ein Tropfschlauch mit etwa 10 cm Abstand neben die Pflanzen auf den Boden gelegt und mit Bodenhaken fixiert. Bei Reihenkultur reicht auch ein Tropfschlauch zwischen den Reihen aus. Die Tropfabstände des Schlauches betragen, je nach Ausführung, z. B. 20 oder 30 cm. Bei einem Betriebsdruck von 0,5 bis 0,6 bar ergibt sich eine Tropfleistung von etwa einem Liter pro Stunde. Solche

MEIN RAT

Tropfschläuche sind in Längen bis zu 1250 m erhältlich. Über Anschlussstücke werden sie an den Wasserhahn angeschlossen.

Tropfschläuche werden im Fachhandel in Längen bis zu 1250 m angeboten. Zudem gibt es dazu Anschluss- und Verteilerstücke, sodass damit ein Pflanzbeet problemlos über einen handelsüblichen Wasserhahnanschluss bewässert werden kann.

Programmierte Bewässerung

Eine weitere Alternative zur einfachen Bewässerung im Garten stellt der poröse **Schwitzschlauch** dar (Porous Pipe). Er wird aus schwarzem Recyclingmaterial hergestellt und ist im Handel in Längen von 30 und 100 m erhältlich. Er gibt 2 bis 4 l Wasser pro Meter in der Stunde ab. Auch für dieses System gibt es Verbindungsstücke und weiteres Zubehör, sodass ein Beet von einem Wasseranschluss aus einfach bewässert werden kann.

Die Bewässerungszeit kann per Hand durch Öffnen bzw. Schließen des Ventils am Wasserhahn geregelt werden. Diese Arbeit kann auch

ein kleiner **Bewässerungscomputer** vornehmen, der gewöhnlich direkt an den Wasserhahn angeschlossen wird. Die Programmierung ist einfach, und so können die Bewässerungszeit und die Bewässerungsabstände (Stunden, Tage oder mehrere Tage) vorgewählt werden. Wer möchte, kann Bewässerungsintervalle auch über Feuchtigkeitssensoren auslösen. Der Sensor wird in einer bestimmten Tiefe eingebracht. Ebenso wie mit der Gießkanne können auch über diese Gießsysteme gelegentlich Flüssigdünger ausgebracht werden. Die Zumischung kann über Düngermischer erfolgen.

Weiterkultur bis zur Ernte

Soll im Herbst eine ordentliche Blatternte eingefahren werden, müssen bestimmte Pflegemaßnahmen vorgenommen werden. Neben dem pflanzengerechten Gießen und Düngen sind im Verlauf des Sommers weitere Kulturmaßnahmen erforderlich.

Notwendige Schnittmaßnahmen

Im Sommer werden die Pflanzen kräftig wachsen. Die hoch aufschießenden Triebe sind brüchig. Kräftiger Wind oder Regen kann sie umlegen oder gar abbrechen. Aus diesem Grund ist ein regelmäßiger **Rückschnitt** wichtig. Sobald der Mitteltrieb eine Länge von 10 cm erreicht hat, wird die Terminalknospe herausgezwickt. Hierdurch wird die Pflanze angeregt, aus den Blattknospen auszutreiben. Auf diese Weise entsteht ein mehrtriebiger Busch, dessen einzelne Triebe (Schosse) erneut **pinziert** werden, sobald sie einen Zuwachs von etwa 15 cm erreicht haben. Wegen ihrer Wüchsigkeit wird die Steviapflanze

In Reihen angeordnete Freilandpflanzung.

immer wieder austreiben. Die durch dieses Verfahren bewirkte Vieltriebigkeit verbessert die Standsicherheit der Pflanze erheblich. Auch wird dadurch die Blattbildung gefördert.

Abhängig vom Wetter sollte das Beschneiden der Pflanzen eingestellt werden, sobald ein Zuwachs nicht mehr oder nur noch in geringem Ausmaß erfolgt. Das ist gewöhnlich ab August der Fall.

Anregung zur Bildung von Blattmasse

Die Blattmassenbildung kann bei den wüchsigen Pflanzen noch zusätzlich gefördert werden, z. B. durch das Herabbiegen des Mitteltriebes. Dieser sollte zu diesem Zweck schon eine Länge von etwa 30 bis 50 cm aufweisen. Das wird bei üblicher Kultur etwa im Juli der Fall sein. Der **Biegevorgang** muss sehr vorsichtig und mit Fingerspitzengefühl durchgeführt werden, damit der Trieb nicht abbricht. Der obere Teil wird mit einem Haken im Boden fixiert. Bei Topfpflanzen wird der Topf einfach auf die Seite gelegt, wobei dann auch der Austrieb der Pflanze waagerecht auf dem Boden liegt. Man muss dann nur noch dafür sorgen, dass der Ballen weiterhin die notwendige Feuchtigkeit erhält. In Plastik-Anzuchttöpfe kann auf der Oberseite des liegenden Topfes ein Loch gebohrt bzw. geschnitten werden, durch das die Wasserversorgung erfolgen kann. Im Freiland kann der Topfballen auch unter die Erde gelegt werden, wobei der Trieb dann nicht ganz waagerecht auf dem Boden liegt.

Der auf dem Boden liegende Stängelteil wird sich auf seiner gesamten Länge bewurzeln. Dadurch wird die Nährstoffversorgung der Pflanze erhöht und jeder senkrecht nach oben wach-

MEIN RAT

Das Schnittgut der Stevia kann sofort verwendet oder getrocknet werden.

sende Trieb wächst wie eine eigenständige Pflanze.

Wird Stevia im **Gewächshaus** kultiviert, kann das Waagerechtlegen auch zu anderen Zeitpunkten vorgenommen werden. Wichtig ist dabei, dass sich die Pflanze noch im Wachstum befindet.

Stevia überwintern

Steviapflanzen können in Gebieten mit gemäßigtem Klima mancherorts auch im Freiland überwintert werden. Geeignet sind Regionen mit Weinbauklima, also mit recht milden Witterungsbedingungen im Winter. Nach der Blatternte und einem **Rückschnitt** im Herbst werden die Pflanzen mit einer Mulchschicht bedeckt. Geeignet sind lockeres Stroh, dünnere Nadelgehölzzweige oder Laub. Wichtig ist eine dicke Abdeckung, um 20 bis 30 cm, je nach den winterlichen Gegebenheiten. Das Eindringen von Frost muss in jedem Fall verhindert werden.

Neben diesen aufwendigen Maßnahmen zur **Frostabwehr** muss bedacht werden, dass ergiebige winterliche Niederschläge zu einem dauerhaft feuchten Boden führen können, was für die Steviapflanzen schädlich ist.

Im Allgemeinen ist daraus der Schluss zu ziehen, dass sich unter den derzeitigen Gegebenheiten eine Überwinterung (bzw. ein Überwinterungsversuch) bei uns nicht lohnt. Kräftige Jungpflanzen werden im Frühjahr von vielen Gartenbaubetrieben angeboten. Sie wachsen nach dem Pflanzen zügig weiter, sodass die einjährige Kultur als sinnvoll zu betrachten ist.

Überwinterung im Keller

Wer einen etwa 10 bis 15 °C warmen, aber dunklen Kellerraum besitzt, kann seine Steviapflanzen auch dort überwintern. Befindet sich die Pflanze in absoluter Ruhe und sind keinerlei Austriebe oder Veränderungen an der Pflanze zu erkennen, die auf ein beginnendes Austreiben schließen lassen, kann eine zusätzliche Belichtung unterbleiben. Anderenfalls ist eine künstliche Beleuchtung notwendig, die folgendermaßen installiert werden kann:

Über den Pflanzen wird eine geeignete **Leuchtstoffröhre** (z. B. Grolux, Fluora) an der Decke oder an zwei herabhängenden Ketten angebracht. Der Abstand zu den Pflanzen sollte 20 bis 40 cm betragen. Das Licht wird täglich für bis zu 15 Stunden eingeschaltet. Hierfür kann eine Zeitschaltuhr eingesetzt werden.

Es gibt auch Berichte, wonach zurückgeschnittene Steviapflanzen bei niedrigeren Temperaturen (um 5–10 °C) in dunklen Räumen überwintert werden können. Dabei ist es von großer Wichtigkeit, den Boden weder zu feucht noch trocken zu halten.

Überwinterung auf der Fensterbank

Es sollte ein heller Platz gewählt werden. Die auf 5 bis 10 cm zurückgeschnittene Pflanze benötigt in dieser Phase kaum Wasser. Damit der Boden im Laufe der Zeit nicht durch Verdunstung austrocknet, wird erforderlichenfalls wenig gegossen. Die Pflanze befindet sich in Ruhe und wird kein Wasser aufnehmen. Bodennässe kann in dieser Phase schnell zu Wurzelfäule führen und die Pflanze vernichten. Das kommt bei der Überwinterung von Stevia im Zimmer leider häufiger vor.

Während des Winters kann Stevia zu treiben beginnen. Oft bleiben die Blätter dann auch im Folgejahr kleiner. In diesem Fall kann eine Zusatzbelichtung zusätzlich zum Tageslicht hilfreich sein. In Wohnräumen mit großen Fenstern kann Stevia im günstigsten Fall auch **ganzjährig** kultiviert werden. Die Pflanze sollte dann regelmäßig zurückgeschnitten werden, damit sich ein stabiles, kräftiges Astgerüst aufbaut. Solche Pflanzen können sich über mehrere Jahre zu dekorativen kleineren Kübelpflanzen entwickeln.

Stevia im Gewächshaus

Die Kultur von Stevia gelingt im Gewächshaus hervorragend. Wenn im Winter eine Temperatur um 18 bis 20 °C gehalten wird, ist sogar eine ganzjährige Kultur möglich. Dieses entspricht den Temperaturen eines während des ganzen Jahres bewohnten Wintergartens, der sich ebenso für die Steviakultur eignet. Allerdings muss stets auf eine ausreichende Helligkeit geachtet werden, damit die Pflanzen nicht vergeilen. Ist der Gewächshausboden offen, kann direkt ausgepflanzt werden. Die Erde muss nährstoffreich und locker sein. Eine Nachdüngung während des Kulturjahres kann erforderlich werden.

Das **Auspflanzen** der Jungpflanzen – es wird

sich überwiegend um kräftige, bewurzelte Stecklinge handeln – erfolgt schon im zeitigen Frühjahr. Dann reicht die Intensivität des Sonnenlichtes gewöhnlich schon aus, um der Pflanze einen guten Start zu ermöglichen. Sollen mehrere Pflanzen gesetzt werden, hat sich ein Pflanzabstand zwischen ihnen von 30 cm als ausreichend erwiesen. Ein gutes Angießen auch beim Pflanzen in feuchtes Substrat ist angeraten, weil dadurch ein guter Bodenschluss zwischen dem Wurzelballen und dem Boden gewährleistet wird. So entstehen keine Lufträume, in denen sich sonst gerne Insekten oder Asseln ansiedeln.

Schneller Wuchs

Gerade im Gewächshaus muss der Zuwachs kontrolliert werden. Die Pflanzen können sich dort sehr wohl fühlen und in die Höhe schießen. Dann ist es besonders wichtig, sie zu pinzieren und ausreichend zurückzuschneiden, damit die spröden aufstrebenden Triebe, zuweilen könnte man sie sogar Stämmchen nennen, nicht umknicken und dann abbrechen. Außerdem wird dadurch erheblich mehr **Blattmasse** produziert, was sehr erwünscht ist.

Sobald der Steckling eine Höhe von etwa 10 cm erreicht hat, wird er um die Hälfte zurückgeschnitten. Nun wird eine Vielzahl der verbliebenen Blattknospen austreiben und es entsteht eine mehrtriebige, schnell an Größe zunehmende Pflanze. Nach weiteren etwa 20 cm werden alle neuen Triebe noch einmal um etwa die Hälfte zurückgeschnitten. Es entsteht eine kräftige, buschig wachsende Pflanze. Bei sehr starkem Zuwachs kann noch einmal zurückgeschnitten werden.

MEIN RAT

Steviapflanzen ziehen bei uns im Winter ein, daher sollten sie zurückgeschnitten werden. Das Einziehen zeigt sich zuerst durch ein Schwarzwerden der unteren und später aller Blätter. Die Pflanze stirbt oberirdisch ab.

Das Frühjahrs- und Frühsommerschnittgut hat bereits einen hohen Anteil an Süßstoffen und kann entsprechend genutzt werden. Es eignet sich zudem hervorragend zur Stecklingsanzucht. Werden in der Vegetationszeit Blätter benötigt, können diese direkt geerntet werden. Die Pflanze regeneriert sich schnell. Ein extremer Rückschnitt für diesen Zweck ist allerdings nicht zu empfehlen, weil die Stevia dann bis zur **Haupterntezeit** im Spätsommer bzw. Herbst kein befriedigendes Ergebnis mehr liefern kann.

Ein regelmäßiger Rückschnitt fördert die Verzweigung.

Die Haupternte der Blätter erfolgt gewöhnlich im September, bei ganzjähriger Kultur zusätzlich auch jederzeit bei Bedarf in pflanzenverkraftbaren Mengen.

Stevia als Kübelpflanze

Wenn man keinen Garten hat, kann die Steviapflanze auch im Kübel kultiviert werden. Dabei ist die Kübelkultur nicht einmal ein Notbehelf, wie es für andere Gewächse der Fall sein kann.

Stevia lässt sich auch problemlos im Kübel kultivieren.

Stevia gedeiht bestens in solchen Pflanzgefäßen, sodass auch Besitzer eines Gartens Stevia gerne in Kübeln und Töpfen ziehen. Auf diese Weise kann bestens auf die **Ansprüche** der Pflanze eingegangen werden, sie kann sehr exakt mit Nährstoffen versorgt werden, gerade so wie es optimal für die Pflanze ist. Sie kann immer dorthin gebracht werden, wo sie am besten gedeiht und bei ungünstigem Wetter sowie Sturm oder starkem Regen ohne große Umstände hereingeholt oder sonstwie geschützt werden.

Die Anzucht

Im Frühjahr werden drei bewurzelte, kräftige Stecklinge in ein 5-l-Pflanzgefäß gesetzt. Als Substrat wird eine gute durchlässige Kübelpflanzenerde verwendet. Gewöhnlich sind solche Erden, wenn man sie als Fertigprodukte kauft, bereits für die Startphase vorgedüngt. Wird dem Substrat ein **Dauerdünger** zugemischt, braucht während der gesamten Vegetationsperiode nicht mehr nachgedüngt zu werden. Das hat Vorteile und dem Risiko einer Unterversorgung der Pflanze wird vorgebeugt.

Erfolgt das Topfen im April, wird dem Pflanzsubstrat ein **5M-Dünger** zugesetzt (siehe Seite 71). Er gibt seine Wirkstoffe kontinuierlich über fünf Monate an das Substrat ab und die Steviapflanze kann so optimal mit allen benötigten Nährstoffen und Spurenelementen versorgt werden. Hinsichtlich der Menge des unterzumischenden Düngers sollte man von 3 bis 5 g pro Liter Pflanzerde ausgehen. Es sollten allerdings auch die Angaben des Düngemittelherstellers beachtet werden. Auch hier gilt, dass ein Zuviel eher Schaden anrichtet.

Die Düngung von Topfpflanzen mit organischen Düngern ist ebenso möglich. Damit die Düngung wirksam ist, ist oft ein intaktes Bodenleben erforderlich, weil die organischen Bestandteile nur dann aufgespalten und für die Pflanze verfügbar gemacht werden können. Sterilisierte Erden können daher problematisch sein.

Das »Zuckerstämmchen«

Innerhalb eines Sommers kann aus einer Steviapflanze ein Stämmchen mit Krone und vielen kleinen doldenartig angeordneten Einzelblüten gezogen werden.

Zu diesem Zweck wird die Pflanze eintriebig gezogen, wobei der Trieb gestäbt wird. Hat der Trieb Anfang Juli die gewünschte Höhe erreicht, lässt man ihn noch etwa 5 cm wachsen und kappt dann die Spitze. Die darunterliegenden Augen werden nun austreiben und die sich daraus entwickelnden Triebe werden bei einer Länge von ca. 10 cm pinziert. Jetzt wächst eine Krone heran, deren Triebspitzen dekorative wolkenähnliche Blütenbüschel bilden, sobald die Tage kürzer werden.

Die Anzucht eines Stämmchens gelingt besonders gut, wenn im Frühjahr ein Gewächshaus zur Verfügung steht und sich ein kräftiger Mitteltrieb bildet.

Stevia in der Wohnung

Wer keinen Balkon, Garten und kein Gewächshaus besitzt, kann Stevia auch im Zimmer ziehen. Hierbei müssen einige Voraussetzungen geschaffen werden, damit die Kultur zufriedenstellend gelingt.

MEIN RAT

Wer der Stevia im Winter einen hellen Platz bieten kann, an dem eine Temperatur um 22–25 °C gewährleistet ist, und der in einem nicht zu lufttrockenen Raum liegt, kann die Pflanzen auch ohne kräftigen Rückschnitt durchkultivieren.

Wichtig ist das **Licht**. Stevia benötigt ganzjährig viel Licht, sie sollte daher keinen Standort am Nordfenster erhalten. Vorzuziehen sind möglichst große Fensterflächen, die nach Südwesten oder Südosten ausgerichtet sind. Reicht die Lichtmenge nicht aus, wird die Pflanze vergeilen, das heißt sie bildet dann lange dünne Triebe in Richtung des Lichtes mit langen Internodien. Diese dünnen Triebe können z. B. an stürmischen Tagen oder bei einem kräftigen Regen leicht abknicken.

Stevia ernten

In der Heimat der Stevia wird mehrmals im Jahr geerntet. Die **Steviaernte** beginnt ab Ende des dortigen Sommers, im Januar und Februar – wenn es bei uns am kältesten ist.

Wenn Stevia in unserem Klimabereich im Freiland oder in Pflanzgefäßen im Freien angebaut wird, erfolgt die Ernte gewöhnlich im Laufe des Septembers. Es sollte zum Erntezeitpunkt möglichst noch keine Blütenbildung stattgefunden haben, daher sollte man sich mit der Ernte nicht zu lange Zeit lassen, auch wenn das Wetter es zuließe.

In Südspanien, wo Stevia bereits in großem Rahmen angebaut wird, werden nach Dr. Udo Kienle die besten **Ernteergebnisse** hinsichtlich des Ertrages an Süßstoffen nach viermaligem Schnitt ab Pflanzung bis zum Ende der Vegetationsperiode erzielt.

Einjährige Kultur

Stevia wird bei uns meist einjährig kultiviert. Eine Überwinterung wäre viel zu aufwendig und sehr kostenintensiv. Daher werden die vollständigen Pflanzen bei der Ernte einfach über dem Erdboden abgeschnitten, eingesammelt und anschließend entblättert. Die Zeitspanne bis zum

Anzucht eines Zuckerstämmchens.

Entblättern darf nicht zu lange sein, weil die Blätter schnell welk werden und sich dann weniger leicht von den Trieben entfernen lassen.

Die Pflanzen sollten nicht mit Erde oder Staub verunreinigt sein. Das **Entblättern** erfolgt durch Abstreifen gegen die Wachstumsrichtung. Die Blatternte wird gesammelt und in Wasser gespült, damit eventuell noch anhaftende Schmutzreste entfernt werden.

Nach der Ernte und Reinigung der Blätter werden sie weiterverabeitet. Eine gute Möglichkeit der Haltbarmachung besteht im Trocknen. Wenn den Blättern das Wasser entzogen wird, können sie bei richtiger Lagerung jahrelang haltbar sein und genießbar bleiben.

Steviablätter trocknen

Das Trocknen der Blätter kann auf unterschiedliche Art und Weise erfolgen. Die naheliegendste Art der Trocknung erfolgt durch großflächiges Ausbreiten der Blätter auf einer siebartigen Unterlage, dann werden sie der vollen Sonne ausgesetzt. Nach wenigen Tagen ist das Wasser aus den Blättern verdunstet, die Blätter können eingesammelt und weiterverarbeitet werden. Dieses einfache **Trocknungsverfahren** ist jedoch nur dort möglich, wo die Sonne zum Erntezeitpunkt der Blätter noch genügend Kraft besitzt und der nächtliche Anstieg der Luftfeuchtigkeit das Ergebnis nicht zunichte macht. Wer nur kleine Mengen erntet, bevorzugt diese Art der Trocknung. Bei ungünstigem Wetter und nachts kann das Blattmaterial einfach ins Haus gebracht werden. Ist die Zimmerheizung bereits in Betrieb, können die Blätter auch darauf trocknen.

Wurden die ganzen Stängel mit den Blättern abgeschnitten, können sie gebündelt und an einer Schnur an einem luftigen, vor Licht geschützten Platz zum Trocknen aufgehängt werden. Das dauert einige Tage. Sind die Blätter trocken, werden sie von Hand abgestreift oder man bewahrt die Büschel als Kraut für die Teezubereitung auf.

Gewerbsmäßiger Anbau

Die ursprüngliche Heimat der Stevia, Paraguay, ist aktuell nicht das Hauptanbaugebiet dieser wichtigen und zukünftig immer wichtiger werdenden Pflanze, sondern liegt weit abgeschlagen nur auf Platz zwei. Obwohl geeignete Flächen und Arbeitskräfte vorhanden wären, sind es vor allem asiatische Länder, die in nennenswertem Umfang Stevia kultivieren. In Paraguay werden derzeit staatlicherseits Maßnahmen ergriffen, um den Steviaanbau zu fördern. Marihuana-Anbauern wird durch die **staatliche Unterstützung** beim Anbau von Stevia eine Alternative geboten. Man hofft, auf diese Weise den Steviaanbau in Paraguay weiter fördern zu können. Eine Ausdehnung der **Anbauflächen** auf 10000 Hektar ist geplant, ausgehend von derzeit gut 1500 Hektar. China beabsichtigt eine Erweiterung seiner Stevia-Anbauflächen auf 45000 Hektar.

In Paraguay wird Investoren inzwischen staatlicherseits Land zur Verfügung gestellt, damit sie dort Steviakulturen anlegen. Auslöser sind wohl unter anderem Schlagworte wie »Milliardenmarkt Stevia, bereite dich auf den Stevia-Run vor…«.

Das Hauptanbauland für Stevia ist derzeit **China**, mit weitem Abstand gefolgt von den Staaten Paraguay, Japan, Australien, Thailand, den USA und manchen Staaten Südeuropas. Auch Israel besitzt Anbauflächen.

Auswahlkriterien

Es wird daran geforscht, die hohe Süßkraft aus Steviablättern durch entsprechende Selektionen zu maximieren. Diese optimalen Pflanzen werden geklont und vegetativ weitervermehrt. Auch sind robuste Linien von Interesse, die eine hohe Blattproduktion und damit einen großen Ertrag ermöglichen und zu guten Ernten führen.

Eine Pflanzenlinie mit größerer Süßkraft wurde in **Belgien** entwickelt und aus Paraguay stammt Vermehrungsmaterial mit einem deutlich höheren Gehalt an Rebaudiosid A.

Ebenfalls in Paraguay ist eine neue Steviasorte mit dem Namen **Katpyry** entstanden, die nach Ing. Imas resistenter als die traditionellen Sorten sein soll und auf kargeren Böden wachsen kann. Derzeit wird sie in vitro vermehrt und soll nach erfolgreichen Laborversuchen dann an paraguayische Anbauer verteilt werden.

Rotblättrige Stevia

Meristemvermehrte Steviapflanzen können in Kultur einen rötlichen Austrieb zeigen, der auf das Vorhandensein u.a. von Anthocyanen zurückzuführen ist. Der Geschmack solcher Blätter ist deutlich süßer. (nach Dr. Shevchenko)

Schädlinge und Krankheiten

Stevia behauptet sich in den Gebieten recht problemlos und ohne menschliche Eingriffe, wo sie natürliche Vorkommen bildet, wie im Osten Paraguays bis nach Brasilien hinein. Allerdings ist ihr Wildvorkommen heute sehr begrenzt.

Steviapflanzen können tierischen Schädlingen zum Opfer fallen, gleichermaßen können sie durch Krankheitserreger wie Pilze, Bakterien und Viren geschädigt werden.

Der beste Pflanzenschutz ist ganz allgemein das Schaffen von optimalen Kultur- und Wachs-

tumsbedingungen, denn bei ungünstigen Lebens- und Standortverhältnissen entwickelt sich die Steviapflanze schlecht und ist weniger widerstandsfähig gegenüber Schädlingen und Krankheiten.

Der Steviaanbauer sollte in der Lage sein, Schadsymptome an der Pflanze sowie deren Ursachen zu erkennen. Dann kann er auch die geeigneten Gegenmaßnahmen ergreifen.

Tierische Schädlinge

Stevia ist robust und nicht übermäßig anfällig. Dennoch können Schädlinge erhebliche Schäden anrichten, wenn sie sich erst einmal einnisten und nicht rechtzeitig erkannt werden.

Weiße Fliege oder Mottenschildlaus

Die **Weiße Fliege** ist ein Pflanzenschädling, der häufig auch in Wintergärten und bei Zimmerkultur anzutreffen ist. Die adulten Tierchen halten sich an den oberen Pflanzenteilen auf, wo auch die Eiablage stattfindet. Sie schädigen die Pflanze durch punktuellen Saftentzug, was sich durch gelbe Blattpunkte zeigt. Die Ausscheidungen der Tiere bilden klebrigen **Honigtau**, der wiederum die Ursache für den Befall mit schwarzem Rußtau darstellt. Zur Bekämpfung bei geringem Befall und zur Befallskontrolle sollten dicht über dem Pflanzenbestand gelbe Leimtafeln angebracht werden. Zur biologischen Schädlingsbekämpfung empfiehlt sich der Einsatz der **Schlupfwespe** *Encarsia for-*

Kontrolle auf eventuellen Schädlingsbefall.

mosa, die das Larvenstadium der Weißen Fliege parasitiert. Die Behandlung mit mineralölhaltigen Mitteln, das Absaugen der fliegenden Tiere und der Rückschnitt stark befallener Pflanzenteile sind weitere wirkungsvolle Maßnahmen.

Spinnmilben

Bei sehr trockener Gewächshausluft können Spinnmilben die Triebspitzen der Pflanzen befallen. Hiergegen können beispielsweise **Raubmilben** der Gattung *Phytoseiulus* eingesetzt werden. Stark befallene Triebe sollten abgeschnitten werden.

Blattläuse

Blattläuse sind Pflanzensauger. Sie schädigen zum einen durch den Entzug von Pflanzensaft, zum anderen bewirken sie durch Speichelabsonderungen Missbildungen an den Blättern. Sie können, wie andere Insekten auch, Viren übertragen und werden deshalb auch als Vektoren bezeichnet. An ihren süßen Ausscheidungen lassen sich schwarze **Rußtaupilze** nieder, wodurch die Photosynthese und der Gasaustausch der befallenen Pflanzen behindert werden. Bei kleinen Steviapflanzungen können die Schädlinge abgesammelt werden, es helfen auch Mittel auf Basis von Neembaum- und Rapsöl. Der Einsatz von Nützlingen wie Florfliegen- und Marienkäferlarven sowie von Schlupfwespen ist vor allem in Gewächshäusern weit verbreitet.

Ameisen

Das Auftreten von Ameisen ist oft ein Indiz für den Befall der Pflanze mit Läusen, die süßen **Honigtau** ausscheiden. Die Ameisen beschützen die Läuse regelrecht vor Feinden und verteilen die Läuse sogar auf der Pflanze. Belohnt werden sie mit Honigtau. Durch den Gänge- und Nesterbau der Ameisen im Boden können auch unterirdische Pflanzenteile beschädigt werden, außerdem läuft das Gießwasser schneller ab, sodass es zu Trockenschäden kommen kann. Daher sollten Ameisen mit geeigneten, im Fachhandel erhältlichen Mitteln bekämpft werden. Ein komplettes Eintauchen des Wurzelballens in einen mit Wasser gefüllten Eimer kann auch zum Erfolg führen.

Schnecken

Schnecken sind ein in Steviakulturen häufig anzutreffender Schädling. Die oft leichte Feuchte zwischen den unteren, dicht stehenden Pflan-

Bei Blattlausbefall helfen Marienkäfer.

zenteilen stellt für Schnecken ein optimales Klima dar. Der typische Raspelfraß sowie die Schleimspuren auf dem Boden und auf der Pflanze sind untrügliche Anzeichen für Schneckenbefall. Im Gartenbau wird in diesem Fall mit einem **Ködermittel** gearbeitet. Bei überschaubarem Pflanzenbestand kann auch regelmäßig abgesammelt werden.

Pilzerkrankungen

Pilze können durch die Zellwände in die Pflanze hineinwachsen. Auch natürliche Spaltöffnungen oder Wunden sind Eingangspforten. Neben Insekten sind Pilzerkrankungen die

unangenehmsten Pflanzenschädlinge, da sie zum Wachsen keine Photosynthese betreiben müssen. Sie schädigen die Pflanze durch das Verstopfen der Leitungsbahnen, wodurch der unversorgt bleibende Teil abstirbt. Durch Sporen, die aus den Fruchtkörpern freigesetzt werden, kann sich die Infektion rasch ausbreiten.

Ein optimaler Standort, das Vermeiden von Verletzungen und ausreichende **Hygiene** können Pilzkrankheiten eindämmen. Außerdem sollte eine zu hohe Luft- und Bodenfeuchtigkeit sowie eine übermäßige Stickstoffversorgung vermieden werden. Das Wegschneiden von befallenen Pflanzenteilen kann gegen einen Befall wirksam sein.

Bernsteinschnecken – eine Plage in Stevia-Kulturen.

Grauschimmel – Botrytis

Er tritt an bereits geschwächten Pflanzen, im Anzucht- und im Winterquartier auf und kann sich rasch verbreiten. Befallene Pflanzen oder Pflanzenteile sofort vernichten. Wichtig ist auch, dass die Pflanzen gut abtrocknen können, also nicht zu dicht gepflanzt wird.

Echter Mehltau

Er lebt auf der Pflanzenoberfläche (Ektoparasit) und überzieht befallene Pflanzenteile mit einem weißen, mehlartigen Belag. Im Gegensatz zu anderen Pilzen wächst er auch in trockener Umgebung. Auch hier befallene Pflanzen und Pflanzenteile entfernen und entsorgen.

Sclerotium rolfsii

Ein Pilz, der große landwirtschaftliche Verluste verursachen kann. Er zeigt sich durch eine watteartige Myzelstruktur an der Pflanze und im Boden. Bei Befall müssen die Pflanzen vernichtet werden, bei einer Bodeninfektion muss der Boden komplett ausgetauscht werden werden.

Schwärzepilz – Alternaria

Alternaria oder Schwärzepilz ist ein Schimmelpilz, der an kleinen dunklen Flecken an den Blatträndern zu erkennen ist. Befallene Pflanzen entsorgen und dafür sorgen, dass die Pflanzen gut abtrocknen können.

Rostpilze

Sie bilden zumeist an der Blattunterseite pustelartige Sporenanlagen, die aus der Epidermis hervorbrechen. Die Blätter vergilben und fallen ab. Befallene Pflanzen abräumen. Für Steviapflanzen kann das einen Totalausfall für die Kultur bedeuten.

MEIN RAT

Pflanzenschutzmaßnahmen werden bei optimaler Kulturführung in unserem Klimabereich nur marginal notwendig. Sind manuelle Verfahren nicht zielführend, stehen auch biologische Helfer zur Verfügung. Der Einsatz von Pestiziden in Steviakulturen muss tabu bleiben.

Schwarzbeinigkeit

Stevia-Jungpflanzen können bei weniger geeigneten Anzuchtbedingungen an **Stängelfäule** (*Phytophtora* subsp.) leiden und eingehen. Sind die Pflanzen erst einmal befallen, können

Kaum noch zu retten: Welke-Symptome an Stevia.

sie nicht gerettet werden. Hier hilft nur Vorbeugung, nämlich das Schaffen optimaler Kulturbedingungen. Besteht der Verdacht, der Boden sei mit *Phytophtora*-Sporen infiziert, kann ein Sterilisieren der Anzuchterde durch Hitzeanwendung hilfreich sein.

Schädlinge im Gewächshaus

Bei der Steviakultur unter Glas oder Folie können Nackt- und Gehäuseschnecken zu einer Plage heranwachsen. Besonders negativ auffallend sind hier die kleinen **Bernsteinschnecken**, die sowohl junge als auch ältere Blätter durch Fraßspuren unansehnlich werden lassen oder sie sogar gänzlich abfressen. Bei einer hohen Luftfeuchtigkeit fühlen sich die Tiere sehr wohl und vermehren sich rasant. Dem muss frühzeitig Einhalt geboten werden. Abhilfe schaffen auch hier rechtzeitiges Absammeln, eine Verminderung der Luftfeuchtigkeit, gegebenenfalls durch reduziertes Gießen und der Einsatz von Bio-Abwehrmitteln wie **Nematoden** der Art *Phasmarhabditis hermaphrodita*. Das Ausstreuen von Ködermitteln stellt ebenfalls eine Möglichkeit dar.

Dickmaulrüssler

Dickmaulrüssler bevorzugen zwar vornehmlich Pflanzen mit kräftigen Blättern, wurden sie aber erst einmal eingeschleppt, machen sie vor Steviablättern keinen Halt. Stellt man mit Holzwolle gefüllte Gefäße auf, verkriechen sich die Käfer darin und können eingesammelt werden.

Die **Larven** schädigen in erster Linie die Wurzeln. Abhilfe schaffen Nützlinge, Nematoden der Gattung *Heterorhabditis* sowie die Art *Steinernema carpocapsae*.

Infektion mit *Alternaria steviae*, einer Pilzerkrankung.

Stevia vermehren

Steviapflanzen können auf verschiedene Art und Weise angezogen werden:

1 Generativ durch Aussaat der Samen von Stevia. Diese Vermehrungsart wird auch »geschlechtliche Vermehrung« genannt.

2 Vegetativ durch das Bewurzeln von Triebteilen der Pflanze. Hierzu zählen Stecklinge, Markottagen und Abrisse. Auch die **Meristemvermehrung** gehört hierher, weil auch dabei Pflanzenteile zur Bildung von Wurzeln veranlasst werden, die dann ihrerseits zu eigenständigen Pflanzen heranwachsen können. Diese Vermehrungsart wird auch »ungeschlechtliche Vermehrung« genannt.

Stevia aus Samen ziehen

Die Keimfähigkeit von Steviasamen ist unterschiedlich. Im Allgemeinen ist sie sehr gering, wenn die Samen von selbst gezogenen Pflanzen geerntet werden. In dem Fall lohnt sich die Kultur oft nicht, weil die Anzucht sehr aufwendig ist, bei einem nur geringen oder möglicherweise ausbleibenden Erfolg. Wer keine Pflanze, aber Steviasamen besitzt, wird sich diese Mühe allerdings machen müssen.

Es gibt jedoch auch qualitativ **höherwertige Samen**. Sie stammen oft von Kulturen aus der Heimat der Stevia oder aus Klimabereichen, die denen der Ursprungsstandorte ähnlich sind. Solche Samen können eine Keimkraft von

60 bis 80% aufweisen, wenn sie nach der Ernte entsprechend getrocknet und gelagert wurden. Sie können ihre Keimkraft, zwar langsam abnehmend, über mehrere Jahre behalten.

Aus Paraguay stammen **Criollo-Samen** (*Stevia rebaudiana* 'Criollo'). Pflanzen aus diesen Samen benötigen sehr viel Sonne und sind im Allgemeinen weniger empfindlich. Pflanzen aus Eireté-Samen (*S. rebaudiana* 'Eireté') zeichnen sich durch einen wesentlich höheren Rebaudiosid-A-Gehalt aus. Sie wurden vom landwirtschaftlichen Institut in Paraguay entwickelt.

Das Anzuchtsubstrat

Das Anzuchtsubstrat kann aus feinem organischen Material bestehen, das nicht zusätzlich gedüngt wurde. Dieses wird in ein Anzuchtge-

Woran erkenne ich keimfähige Samen?

Die Samen sollten eine Masse zeigen, also etwas dicklich sein. Das kann unter einem Vergrößerungsglas gut erkannt werden. Schneidet man ein Samenkorn rechtwinklig zur Längsrichtung durch, muss die Schnittstelle eine helle, cremefarbene, nussige Struktur aufweisen. Auch das ist unter einer Lupe zu erkennen. Zudem sollte das Saatgut von einer etablierten Firma erworben werden, die die Keimfähigkeit garantieren kann.

Was man zur Anzucht braucht

Neben keimfähigem Saatgut sollte Folgendes zur Anzucht zur Verfügung stehen:

- feine ungedüngte Anzuchterde
- Pflanzgefäß
- heizbares Zimmergewächshaus
- Wassersprühball bzw.
- Wassersprühflasche

Stevia-Samen mit Flughaaren.

fäß oder in kleinere Anzuchttöpfe gegeben. Das Substrat sollte bereits eine leichte Feuchtigkeit aufweisen, da es bei völliger Trockenheit Probleme mit der später nötigen gleichmäßigen Befeuchtung geben kann.

Als **Anzuchtmedium** sind auch Torfquelltöpfe gut geeignet. Diese werden vor der Verwendung in ein Wasserbad gelegt, in dem sie im Laufe einiger Zeit aufquellen. Da sie mit einem sehr feinen Netz aus organischem Material umgeben sind, fallen sie auch im Wasser nicht auseinander. Das Aufquellen kann wesentlich beschleunigt werden, wenn die Torfquelltöpfe in warmes Wasser gelegt werden.

Die Aussaat

Die Samen werden anschließend recht dicht – bei hochwertigem Saatgut mit ca. 1 cm Abstand – nebeneinander auf das Anzuchtsubstrat gelegt und leicht angedrückt. Diese Prozedur kann etwas schwierig werden, wenn das Saatgut noch die kleinen Flughaare besitzt. In dem Fall kann eine Pinzette oder ein kleiner Holzspan hilfreich sein. Wesentlich einfacher gelingt die Aussaat, wenn Samen vorliegen, deren Flugvorrichtungen nicht mehr an ihnen haften.

Die Samen sollen auf dem Substrat liegen und nicht in das Substrat eingearbeitet werden, weil es sich bei Stevia um einen **Lichtkeimer** handelt. Das Saatgut kann allerdings mit einem geeigneten Material sehr dünn abgedeckt werden, damit die Samen dauerhaft feucht bleiben und der Erdschluss gewährleistet ist. Das Abdecken kann durch Aufstreuen einer dünnen Quarzsandschicht erfolgen. Dann wird noch einmal vorsichtig die Substratoberfläche mithilfe eines

Wassersprühers befeuchtet. Anschließend werden die Pflanzgefäße in ein Zimmergewächshaus gestellt und mit einer lichtdurchlässigen Haube abgedeckt. Eine günstige Keimtemperatur liegt zwischen 24 und 28 °C. Ein beheizbares, mittels eines Thermostats geregeltes **Anzuchthaus** wird dann auf eine Temperatur von 26 °C eingestellt und an einen hellen Platz gestellt. Es empfiehlt sich, zur problemlosen Kontrolle der Temperatur ein Thermometer so in das Gewächshaus zu legen, dass es von außen abgelesen werden kann.

Der richtige Aufstellort

Als Aufstellort ist eine Fensterbank vor einem hellen Fenster geeignet. Bei kräftiger Sonneneinstrahlung, muss auch im Winter die Temperatur im Gewächshaus kontrolliert werden und man sollte gegebenenfalls lüften oder schattieren, weil sich durch die Sonneneinstrahlung die Luft erheblich aufheizen kann, und zwar weit über die empfohlene Höchsttemperatur.

Gerade im Winter ist in unseren Breiten die **Tageslänge** (Sonnenscheindauer) wesentlich kürzer als die Nachtlänge. Hinzu kommen noch die vielen trüben Tage, an denen sich die Sonne nicht oder kaum zeigt. Das ist für die Keimung und das Wachstum der Steviasämlinge von Nachteil. Daher empfiehlt es sich, über dem Zimmergewächshaus eine Wachstumslampe anzubringen, die für die notwendige Belichtung sorgt (siehe Seite 76). Für ein kleineres Anzuchthaus reicht auch eine etwa 8 Watt starke Leuchtstoffröhre aus, zum Beispiel eine **Aquariumlampe**. Die Zusatzbelichtung wird täglich für etwa 15 Stunden eingeschaltet. Hilfreich ist eine Zeitschaltuhr.

MEIN RAT

Übrig gebliebene Samen sollten lufttrocken in einem dunklen, dichten Glasgefäß möglichst kühl (Kühlschrank) gelagert werden. Dann halten sie sich über mehrere Jahre.

Die Keimung

Wer für diese Stevia-Anzuchtanlage auf der Fensterbank keinen Platz hat oder wem der Anblick im Wohnzimmer nicht gefällt, kann die Anzucht auch in jedem anderen Raum oder auf dem Dachboden oder im Keller durchführen. In dunklen Räumen kann die Dauer der täglichen künstlichen Belichtung um einige Stunden verlängert werden. Es sollte allerdings sichergestellt sein, dass die genannten Temperaturvorgaben eingehalten werden.

Wurde gutes, keimfähiges Saatgut verwendet, erfolgt die Keimung innerhalb von **zwei Wochen**. Vereinzelt können Samen allerdings auch noch wesentlich später keimen. Ein zusätzliches Gießen ist während der Keimungsphase in aller Regel nicht erforderlich.

Die einfache Anzuchtvariante

Wer keine Investitionskosten für seine Stevia-Anzuchtanlage aufbringen möchte und mit einer geringen Anzahl an Keimlingen zufrieden ist, kann auch wie folgt vorgehen: Ein gesäuberter größerer **Joghurtbecher** wird zu zwei Dritteln mit feuchter Anzuchterde gefüllt, darauf werden einige Steviasamen nebeneinander gelegt und leicht angedrückt.

Nun wird das Ganze sehr vorsichtig noch einmal kurz übersprüht und anschließend wird Frischhaltefolie über den Becher gespannt. Dann muss er an einen hellen, warmen Platz gestellt werden. Jetzt wird auf das Keimen gewartet; während der Zeit braucht nicht nachgegossen zu werden, da kein Wasser verdunsten kann. Übrigens: Wurde unhygienisch gearbeitet und dabei Pilzsporen eingeschleppt, wird sich kein Erfolg einstellen, denn ein feuchtes, warmes Medium ist auch für Schadpilze ein ideales Medium.

Wenn die Sämlinge treiben

Haben die Sämlinge eine Größe um 5 cm erreicht, kann bereits die Abhärtung erfolgen. Dazu wird die Gewächshausabdeckung stetig etwas weiter geöffnet, wodurch die Luftfeuchtigkeit allmählich absinkt. Nach etwa einer

MEIN RAT

Gereinigte Joghurtbecher eignen sich bestens als Gefäß zur preiswerten Pflanzenanzucht.

Woche wird die Abdeckung dann vollständig entfernt. Nun werden die Pflänzchen pikiert. Wurden sie in einzelnen Töpfen bzw. in Torfquelltöpfchen angezogen, werden jeweils die schwächeren Pflänzchen bis auf die kräftigste Pflanze entfernt. Deren obere Triebspitzen werden **abgekniffen**, damit sich die Pflanzen verzweigen. Anschließend wird in einen größeren Topf umgepflanzt. Üblich ist ein 9er-Topf (9 × 9 × 10 cm³). Als Substrat verwendet man eine gute, durchlässige Kübelpflanzenerde.

Stevia-Samen nach der Aussaat nur dünn mit Quarzsand bedecken.

Die professionelle Anzucht von Steviapflanzen zur Erzeugung von Pflanzenmasse erfolgt fast ausschließlich auf vegetativem Wege, durch Stecklinge bestimmter Linien bzw. durch Meristemkultur, nicht durch Sämlingspflanzen.

Stevia-Vermehrung durch Stecklinge

Es ist auch üblich, Stevia aus Stecklingen zu vermehren. Das hat mehrere Gründe, die wichtigsten sind:

1 Die Vermehrung aus Samen ist oft aufwendig und wenig erfolgsversprechend, weil diese häufig taub sind und nicht keimen. Nur solche, die unter geeigneten Bedingungen angezogen wurden, eignen sich zur Aussaat (siehe oben).

2 Steviastecklinge entwickeln sich oft schneller und zu größeren Pflanzen als Sämlinge. Das ist gerade bei der einjährigen Kulturform ein entscheidender Faktor.

3 Sind ausreichend Mutterpflanzen vorhanden, können innerhalb einer Vegetationsperiode große Mengen wüchsiger Nachkommen angezogen werden.

4 Mittels Stecklingen lassen sich Pflanzen anziehen, die mit der Ausgangspflanze, der sogenannten Mutterpflanze, identisch sind. So können bevorzugte Stevialinien, die z. B. einen höheren Steviosidgehalt aufweisen, eine große Blattmasse bilden oder sich leicht bewurzeln, sicher weitervermehrt werden.

MEIN RAT

Nur durch vegetative Vermehrung können sortenechte Pflanzen angezogen werden.

Stecklinge

Stecklinge können von Mutterpflanzen zu jeder Zeit des Jahres geschnitten werden, wenn diese sich im Wachstum befinden. Stecklinge, die im Herbst geschnitten werden, kurz vor dem kompletten Einzug der Pflanze, werden sich allerdings nur noch in Ausnahmefällen bewurzeln. Solche **Paniksstecklinge** von der letzten Pflanze gelingen meistens nicht. Dann ist es besser, den Wurzelballen in einem Pflanzgefäß unter optimalen Bedingungen zu überwintern. Treibt die Pflanze danach frühzeitig aus, ist zu dem Zeitpunkt der Schnitt von Stecklingen immer noch möglich und erfolgsversprechend. Die beste Zeit zum **Schneiden von Stecklingen** ist das späte Frühjahr, wenn die Pflanze kräftig durchgetrieben hat und genügend Material zur Verfügung steht.

In einigen Ländern mit subtropischem Klima wird auch schon im Dezember/Januar mit dem Schneiden begonnen, damit gewerbliche Abnehmer, die die Weiterkultur in beheizten Gewächshäusern vornehmen, schon frühzeitig mit Pflanzmaterial versorgt werden können. Zu diesen Ländern zählt Israel, das eine große Menge qualitativ hochwertiger bewurzelter Stecklinge bereits in den ersten Monaten des Jahres an Abnehmer in ganz Europa liefert. Die Stecklinge werden von Gartenbaubetrieben weiterkultiviert und können etwa 6 bis 8 Wochen später als kräftige Pflanzen abgegeben werden.

Stecklinge anziehen oder kaufen?

Wem eigene Mutterpflanzen zur Verfügung stehen, sollte Stecklinge schneiden, sobald ein kräftiger Austrieb im Frühjahr erfolgt ist. Wirtschaftlich betrachtet ist es in den meisten Fällen günstiger, bewurzelte Stecklinge einzukaufen, als diese selbst heranzuziehen. Jedenfalls gilt das bei größerem Pflanzenbedarf. Nach Wunsch kann dann vorhandenes Pflanzenmaterial jederzeit für den Stecklingsschnitt verwendet werden.

Stecklinge schneiden und stecken

Von der Mutterpflanze werden frisch gewachsene Triebe abgeschnitten. Sie sollten eine Länge von etwa 20 bis 30 cm haben und nicht zu lange Internodien aufweisen. Das wäre sonst ein Hinweis auf geiles Wachstum, was wiede-

rum darauf schließen ließe, dass die Pflanze an einem dunklen Standort angezogen wurde. Solche Triebe bewurzeln sich erheblich schlechter oder gar nicht. Zum Schneiden wird ein **scharfes Messer** verwendet, damit die Wachstumsschicht des Stängels nicht unnötig ausgefranst wird. Geeignet ist auch eine Gartenschere, aber keine Ambossschere. Bei ihrer Verwendung würden die Triebteile auf der Auflageseite (Amboss) durch den Schnittvorgang gequetscht werden. Eine scharfe Haushaltsschere ist ebenfalls geeignet, wenn die Stängel noch nicht zu dick sind.

Sehr gut geeignet sind auch ein Skalpell oder ein Teppichschneidemesser, weil diese Geräte besonders scharfe Klingen besitzen.

Stecklinge sollten von kräftigen Mutterpflanzen geschnitten werden.

Zum Stecken vorbereiten

Die abgeschnittenen Triebteile werden in drei bis fünf Teile geschnitten, das sind dann die einzelnen Stecklinge. Jeder Steckling sollte zwei bis drei Blattpaare (bzw. Knospenpaare) aufweisen, wobei die Stecklinge eine durchschnittliche Länge von 5–7 cm haben sollten. Längere Stecklinge mit größeren Abständen zwischen den Blattpaaren sind aus oben genannten Gründen weniger geeignet.

Stecklinge können auch aus kürzeren Trieben geschnitten werden, wobei dann die Ausbeute pro Pflanze natürlich geringer ist. Die gewonnenen Stecklinge werden dicht unterhalb des unteren Blattpaares mit scharfer Klinge sauber schräg nachgeschnitten, die beiden Blätter sowie die oft noch vorhandenen kleinen zusätzlichen Blätter werden vorsichtig abgebrochen. Das eine oder die zwei sich darüber befindenden Blattpaare können am Steckling verbleiben. Die Bewurzelung wird durch Photosynthese, die in den Blättern stattfindet, gefördert.

Andererseits wird über die Blattfläche Wasser verdunstet, was kaum ausgeglichen werden kann, da ja noch keine Bewurzelung stattgefunden hat. Deshalb werden zunächst die Blätter und anschließend auch der Trieb schlapp, was schließlich dazu führt, dass er vertrocknet oder abstirbt und in Fäulnis übergeht.

Die Luftfeuchtigkeit

Erfolgt die Stecklingsanzucht bei hoher relativer Luftfeuchtigkeit (90–100%) in einem Gewächshaus, können und sollten in der Regel die Blätter an den Stecklingen verbleiben. Wegen der konstant hohen Luftfeuchtigkeit kann hier keine

so starke Verdunstung erfolgen. Bei **dichtem Stecken**, was in der Praxis üblich ist, können sich die verbleibenden Blätter allerdings überlappen und durch die Oberflächenfeuchtigkeit zusammenkleben. Das sollte vermieden werden, weil auch dadurch die Fäulnis der betroffenen Blattteile einsetzen kann und dies dann auf den Steckling übergreifen und ihn vernichten könnte. Es ist daher für diese dichten Stecken ratsam, einen Teil der Blätter zurückzuschneiden.

Kultursubstrat

Als Stecksubstrat können verschiedene Erden oder mineralische Mischungen verwendet werden. Üblich ist feine **Anzuchterde** aus überwiegend organischen Bestandteilen, ohne zusätzliche Düngung. Geeignet sind auch mittelfeiner Quarzsand, sogenanntes **Vermiculit**, ein

Förderung der Bewurzelung

Werden Stecklinge zur rechten Zeit geschnitten, ist die Bewurzelungsquote hoch. Die Bewurzelungsdauer kann verkürzt und die Bewurzelungsrate erhöht werden, wenn die untere Schnittstelle des Stecklings vor dem Stecken mit einem Wachstumsregulator (Auxin) wie Indolyl-3-Buttersäure (IBA) benetzt wird. Es handelt sich hierbei um ein synthetisch hergestelltes Phytohormon, das in verschiedenen Pflanzen auch natürlich vorkommt. Es zählt per Definition zu den Pflanzenschutzmitteln; die Zulassungssituation muss bei einer beabsichtigten Anwendung stets beachtet werden.

wasserspeicherndes Tonmaterial und sogar Blumensteckmasse. Das Stecksubstrat wird in Anzuchtkisten, auf Anzuchtplatten oder in kleine Anzuchttöpfe ausgebracht.

Beim Stecken muss das obere Blattpaar des Stecklings aus dem Substrat herausschauen. Die Weiterkultur erfolgt in einem Gewächshaus oder an einem geeigneten hellen Platz bei hoher relativer Luftfeuchtigkeit und einer Temperatur zwischen 25 und 28 °C. Für die Anzucht in kleinem Rahmen eignet sich auch ein Zimmergewächshaus oder ein mit einer lichtdurchlässigen Folie abgedecktes Pflanzgefäß. Eine Zusatzbelichtung kann notwendig sein, näheres siehe Seite 76. Die Bewurzelung im Frühjahr kann bereits nach 10 bis 14 Tagen erfolgen. Der Zeitraum ist allerdings auch abhängig vom Termin des Stecklingsschnittes und den Anzuchtbedingungen. Handelt es sich um Stecklinge aus bereits verholzten Trieben, kann die Bewurzelung mehrere Wochen dauern, sofern überhaupt eine Bewurzelung einsetzt.

Erfolgreiche Bewurzelung

Eine erfolgreiche Bewurzelung ist gewöhnlich an einem frischen, gesund ausschauenden helleren grünen Austrieb zu erkennen. Schon bald bestätigt sich die Bewurzelung auch durch feine Wurzeln, die unterhalb der Anzuchtplatte oder des Anzuchtgefäßes zu sehen sind.

Wenn die Stecklinge zu wachsen beginnen, wird bereits mit der Abhärtung begonnen, in-

Die unteren Blätter des Stecklings werden entfernt.

dem die Luftfeuchtigkeit kontinuierlich abgesenkt wird (siehe entsprechende Hinweise im Abschnitt »Stevia aus Samen ziehen«). Gerade bei der Stecklingsanzucht ist das frühzeitige **Abhärten** wichtig, weil die sich bildenden Blätter sehr dicht beieinanderstehen und durch dauerhafte Nässe schnell zu faulen beginnen können. Sobald die Stecklinge gut durchwurzelt sind, werden sie in Einzeltöpfe pikiert.

Stecklinge aus harten, verholzten Stengelteilen

Solche Stecklinge bewurzeln sich nur schlecht, häufig gar nicht. Manchmal treiben sie zwar aus und es wird eine erfolgreiche Bewurzelung vermutet, doch der Schein trügt. Nimmt man sie aus dem Boden stellt man zumeist fest, das

MEIN RAT

Wer von seiner Steviapflanze zur Anzucht von Stecklingen nur wenig abschneiden möchte, trennt einfach einige Triebspitzen in einer Länge von 5 bis 7 cm ab, entfernt die unteren Blätter und steckt diese ins Anzuchtsubstrat. Solche Kopfstecklinge wachsen gut an, sollten aber unter Folie bewurzelt werden, weil die Triebspitzen meistens nicht ausgereift sind und schnell welken würden.

sich keine Wurzeln gebildet haben, sondern die Schnittstelle trocken oder faulig ist. Manchmal hat sich auch verdicktes **Wundgewebe** (Kallus)

Nach dem Stecken werden die Stecklinge gut befeuchtet.

gebildet, das sich jedoch nicht differenziert und keine Wurzeln bildet.

Gartenstecklinge

Die Anzucht von Steviapflanzen kann auch durch das Stecken von Stecklingen direkt in den Garten erfolgen. Hierzu werden im Juni kräftige, etwa 15 cm lange Triebe geschnitten. Die unteren 10 cm werden entblättert und an einem halbschattigen Platz in den **Gartenboden** gesteckt. Der Boden sollte vorher aufgelockert werden. Nach dem Stecken sollen maximal zwei Blattpaare aus dem Boden herausschauen. Die Blätter können wenig zurückgeschnitten werden, wenn sie sonst bei warmer, trockener Witterung welken würden. Für eine ausrei-

chende Feuchtigkeit des Bodens und der Umgebungsluft ist zu sorgen. Die erfolgreiche Bewurzelung wird sich nach zwei bis vier Wochen durch ein beginnendes Austreiben zeigen.

Markottieren

Stevia lässt sich auch sicher durch Ablegen vermehren. Dieses Verfahren findet vor allem dann Anwendung, wenn die vorhandene Pflanze in ihrer Gesamtheit vorerst erhalten bleiben soll. Durch das Ablegen werden Teile der Pflanze zur eigenständigen Bewurzelung angeregt, ohne dass sie zuvor von der Mutterpflanze abgeschnitten werden müssen. Ein Grund, dieses

Die vorbereiteten Stecklinge werden in Pflanzsubstrat gesteckt.

Verfahren anzuwenden, kann sein, dass bereits kurzfristig eine weitere große ansehnliche Steviapflanze benötigt wird.

In diesem Fall kann das **Markottieren** angewandt werden. Hierzu wird ein beliebiger Teil einer im Gewächshaus stehenden Mutterpflanze ausgewählt, der sich in seiner Gesamtheit bewurzeln und eine eigenständige Pflanze wird.

An seiner tiefsten Stelle wird der ausgesuchte Trieb von nahegelegenen Verzweigungen und Blättern freigeschnitten. Dann wird er schräge ein-, aber keinesfalls durchgeschnitten. Um den Schnittbereich auseinanderzuhalten, wird ein kleiner Stein oder etwas Ähnliches in die Schnittstelle eingebracht. Dann wird der Schnittbereich mit feuchtem Torf oder **Sphagnum-Moos** umgeben und mit Plastikfolie oder Aluminiumfolie wasserdicht umwickelt. Ist die so behandelte Pflanze instabil geworden, muss sie gestützt werden. Anschließend wird die Pflanze an ihren ursprünglichen Platz zurückgestellt.

An der eingeschnittenen Stelle werden sich nun Wurzeln bilden. Die neubewurzelte Pflanze kann dann nach einiger Zeit von der Mutterpflanze unterhalb der Bewurzelungszone abgetrennt werden. Nach dem Entfernen des Verbandmaterials wird sie in ein Pflanzgefäß mit Kübelpflanzenerde gepflanzt. Bis zur guten Durchwurzelung des Substrates sollte sie im Gewächshaus stehen bleiben.

Waagerechtes Ablegen

Obwohl Stevia eine recht robuste Pflanze ist, kann stärkerer Wind oder kräftiger Regen ihre Triebe herabdrücken oder im ungünstigen Fall

MEIN RAT

Das Nährmedium zur In-vitro-Kultur von *Stevia rebaudiana* muss interessanterweise wesentlich mehr Zucker enthalten als Nährmedien für andere Pflanzenarten.

sogar abbrechen. Legt sich ein Trieb waagerecht auf den Boden oder wird er von Hand in diese Lage gebracht und z. B. mit einer **Drahtklammer** fixiert, können dicht an dicht, aus jeder Knospe heraus, neue Triebe nach oben aufschießen. Dieses Phänomen wird Oberseitenförderung genannt und ist im Pflanzenreich ganz allgemein zu beobachten. Haben die neuen Triebe eine Höhe

Pflanzsubstrat wird in eine Anzuchtplatte gesiebt.

von etwa 10 cm erreicht und wird der waagerecht liegende Trieb mit einem feuchten Substrat
abgedeckt, bilden sich auf seiner gesamten
Länge nach einigen Wochen Wurzeln. Die einzelnen nach oben strebenden Triebe können dann
einschließlich eines Wurzelanteils abgetrennt
werden und sind dann eigenständige, mit der
Mutterpflanze identische Pflanzen (Klone).

Anhäufeln

Ältere, mehrjährige Steviapflanzen neigen dazu,
buschig zu wachsen. Aus dem überwinterten
Wurzelballen schießen im Frühjahr mehrere
Triebe empor. Diese herauswachsenden Triebe
werden mit feiner Anzuchterde so abgedeckt,
dass ihre Spitzen noch herausschauen. Die an-
gehäufelte Erde muss feucht gehalten werden.

Nach einiger Zeit, die Triebe stehen dann vielleicht schon 20 cm hoch, wird die Erde abgetra-
gen, z. B. durch Abspülen mithilfe eines gezielt
auf den Bereich gerichteten dünnen Wasser-
strahls. Jetzt zeigt sich, dass einzelne Triebe bereits Wurzeln gebildet haben. Die so entstande-
nen selbstständigen Pflänzchen werden von der
Mutterpflanze abgetrennt, zurückgeschnitten
und an gewünschter Stelle eingepflanzt.

Meristemvermehrung

Durch Meristemvermehrung (In-vitro-Kultur,
Sprosskultur) können innerhalb kurzer Zeit aus
wenig Pflanzenmaterial große Mengen an Jungpflanzen angezogen werden. Diese Pflanzen

Die Oberseitenförderung kann zu mehr Blattmasse führen.

sind identisch mit der Mutterpflanze, es sind Klone. So kann eine vielversprechende **Stevia-Selektion** mit dieser Methode schnell vermehrt werden und in den Anbau gebracht werden; wesentlich schneller, als es mit der üblichen Stecklingsvermehrung ginge. Denn soll eine große Anzahl von Stecklingen in üblicher Art und Weise angezogen werden, muss eine entsprechend große Zahl von Mutterpflanzen verfügbar sein. Ein weiterer beachtenswerter Aspekt dieser Methode ist, dass so eventuell im Ausgangsmaterial vorhandene **Virosen** eliminiert werden können.

Wie funktioniert die Meristemkultur?

Dr. Yaroslaw Shevchenko von der Technischen Universität Berlin hat dieses Verfahren erfolgreich bei Steviapflanzen durchgeführt: Aus der Medieninformation der TU Berlin Nr. 279/2009:

Die Pflanzenteile (Pflanzensprosse) werden zunächst mit Natriumperchlorat ($NaClO_4$) und 70 %-igem Alkohol sterilisiert und anschließend mit keimfreiem (autoklaviertem) Wasser gespült. In kleinen Gläsern mit **Agarboden** sprießen aus den Pflanzenteilen fingerlange Keimlinge heran. Diese werden unter wiederum sterilen Bedingungen klein geschnitten und in das flüssige Nährmedium gegeben, in dem sie bei optimaler Belichtung und Temperatur innerhalb von nur drei Wochen zu fertigen Honigkraut-Pflanzen heranwachsen. »Diese Methode ist preiswert, effektiv und noch dazu umweltschonend«, sagt Shevchenko. Schließlich schwimmen die Pflänzchen in einer organischen Lösung, der Einsatz von Pflanzenschutzmitteln ist nicht nötig.

Daran wird geforscht

Die Süße der Stevia ist Folge suboptimaler (nicht optimaler) Wachstumsfaktoren. Zur Meristemkultur sind aber optimale Wachstumsbedingungen notwendig. Den korrekten Mittelweg zu finden, schnell Pflanzen mit einem hohen Süßungspotenzial anzuziehen, soll durch die Gewebekultur erreicht werden. Mit Hilfe dieses Kulturverfahrens kann innerhalb kürzester Zeit eine große Menge mit der Mutterpflanze identischer Klone angezogen werden, und das unter vollkommen gleichen Kulturbedingungen.

Sterile In-vitro-Kultur von Stevia.

Gesunde Stevia-Süße selbst gewinnen

Wer seinen Zuckerbedarf schon selbst in seinem Garten in Form von Steviapflanzen anbaut, möchte natürlich auch die Süße aus diesem Kraut gewinnen. Das ist gar nicht so schwer, wenn man nicht gerade das weiße Steviosid selbst produzieren möchte.

Am Anfang steht die Pflanze

Noch ist Stevia bei uns in Gärten als sommerliche Zierpflanze eher selten anzutreffen, obwohl sie recht ansehnlich wächst und in bunten Kräuterbeeten durch ihr sattgrünes Laub interessante, kontrastierende Bereiche schaffen kann. Wer derzeit Stevia in seinem Garten zieht, wird dies aber wohl in erster Linie wegen der erwarteten **Blatternte** vornehmen und nicht wegen ihrer dekorativen Qualitäten, ihrer weißen Blüten und ihrer Zierde.

Die süßen Blätter können zwar jederzeit gepflückt werden, doch ist es wenig ratsam, das schon bald nach dem Austreiben zu tun. Dadurch würde die Pflanze geschwächt werden und könnte sich in der Folge weniger gut entwickeln. Wenige Blätter bedeuten wenig Photosynthese und somit wenig Wachstum.

Man sollte daher mit dem ersten Beschneiden bzw. mit der ersten Blatternte warten, bis ein kräftiger Austrieb erfolgt ist. Dann ist ein Schnitt wegen der danach einsetzenden guten Verzweigung der Pflanze sogar ratsam. Der Ertrag einer Pflanze lässt sich auf diese Art optimieren, und auch die Qualität der Blätter ist besser.

Extraktionsanlage in Paraguay.

Wer rasch Blätter benötigt, dem sei angeraten, diese schon im Vorjahr zu ernten und sie auf eine geeignete Art und Weise haltbar zu machen. Für die **Haltbarmachung** gibt es verschiedene Möglichkeiten. Das wichtigste Verfahren, nämlich die Gewinnung von hochreinem Steviosid, wird ausschließlich industriell in Anlagen durchgeführt, deren hohe Investitionskosten einen gewissen Grunddurchsatz erfordern, wenn sie sich absehbar amortisieren sollen.

Die Verarbeitung der Blätter

Die wichtigsten Verfahren, um die eigene Steviablatternte selbst zu verarbeiten, ist neben der Nutzung der frischen Blätter zum Beispiel als Tee, das Trocknen, die Herstellung eines Konzentrats und die Herstellung einer **Lösung in Alkohol**. Jedes Verfahren für sich hat bestimmte Vor- und Nachteile.

Bei der Herstellung eines süßen, wohlschmeckenden Tees muss man die Menge der zu verwendenden Blätter selbst erschmecken.

Die Süße ist kräftiger, wenn die Blätter zerrupft werden, bevor man sie mit heißem Wasser übergießt. Um also den richtigen Süßegrad zu ermitteln, sollte zuerst mit kleinen Mengen begonnen werden.

Die Süße kommt von unten

Die Blätter aus dem unteren Bereich der Triebe haben eine größere Süßkraft. Nach dem Aufbrühen erhält das klare Wasser eine helle lindgrüne Farbe, die vom Chlorophyll der Blätter herrührt. Erfolgt die **Teezubereitung** aus klei-

MEIN RAT

Steviablätter sollten vor der weiteren Verarbeitung gründlich gereinigt werden.

nen Blattstückchen, ist es ratsamer, diese in einer Teekanne aufzubrühen und den Tee, nachdem man ihn einige Minuten hat ziehen lassen, durch ein Sieb in die Tasse zu gießen. So ist er frei von Blattresten.

Frisch geerntete Blätter können auch einige Tage im **Kühlschrank** gelagert werden. Sie sollten dazu in eine Plastiktüte oder Vorratsdose gelegt werden, damit sie nicht welken oder den Geruch anderer im Kühlschrank gelagerter Lebensmittel annehmen.

Süße aus trockenen Pflanzenteilen

Wohl das beste Verfahren, um Steviablätter nach der Ernte lange lagern zu können, ist das Trocknen. Die größte Menge an besonders süßereichen Blättern wird im Spätsommer oder Herbst durch einen starken **Rückschnitt** der Pflanzen geerntet. Von den so gewonnenen Trieben werden die Blätter abgestreift. Befand sich die Pflanze kurz vorher noch in einer Wachstumsphase, schadet es nicht, wenn auch die jungen, weichen Triebteile mitverwendet werden. Nach der Ernte sollten die Blätter kurz mit kaltem Wasser gespült werden, damit eventuell noch anhaftende Verunreinigungen entfernt werden. Anschließend erfolgt die Trocknung.

Die Lufttrocknung wurde bereits auf Seite 80 f. beschrieben.

Backofentrocknung

Soll die Trocknung schneller erfolgen, kann das in einem Backofen erfolgen. Die vorgesehene Blattmenge wird auf einem Backblech ausgebreitet und in den Ofen geschoben. Bei einer Temperatur um 80 °C und **leicht geöffneter** Backofentür erfolgt die Trocknung recht schnell. Kleinere Mengen benötigen etwa 20 bis 30 Minuten, größere Mengen brauchen länger. Während des Trocknens sollte in kurzen Abständen der Trocknungsgrad geprüft werden. Wenn die Blätter beim Anfassen zerbröseln, sind sie trocken.

Aus frischen Steviablättern lässt sich ein flüssiger Extrakt selbst herstellen.

Mikrowellentrocknung

Steht ein Mikrowellengerät zum Erhitzen zur Verfügung, kann die Trocknung darin sehr schnell erfolgen. Die Blätter werden auf einen Teller oder ein anderes flaches Geschirr gelegt und bei einer Mikrowellenleistung von 400 bis 800 Watt getrocknet. Abhängig von der Menge der Blätter und der Mikrowellenleistung sollte bereits nach einer halben Minute der Trocknungsgrad geprüft werden. Es ist **gefährlich**, wenn ausgetrocknete Blätter zu lange in der eingeschalteten Mikrowelle verbleiben. Sie können verbrennen oder verpuffen und das muss unbedingt verhindert werden.

Steviapulver herstellen

Um Steviapulver aus den getrockneten Blättern herzustellen, müssen diese ausreichend trocken sein. Man erkennt das an ihrer Brüchigkeit, eine Elastizität ist dann nicht mehr vorhanden. Kleinere Mengen Steviapulver kann man aus den getrockneten Blättern gewinnen, indem man sie zwischen den Handflächen zerreibt.

Wer etwas größere Mengen verarbeiten möchte, oder wem die Handarbeit nicht zusagt, kann zum Pulverisieren auch einen **Mörser** verwenden. Besonders geeignet ist ein größeres schweres Gerät aus Stein. Die Feinheit des entstehenden Pulvers ist abhängig von der Dauer des Reibens mit dem Mörserstößel. Es entsteht ein feines dunkelgraugrünes Pulver.

Und schließlich ist zur Herstellung eines Pulvers auch ein Kräuterhäcksler – ähnlich einer elektrischen Kaffeemühle – geeignet. Während des

Betriebes zerschlagen zwei Messer durch Drehung die eingefüllten Blätter.

Aufbewahrung

Weil das so hergestellte Steviapulver keine Feuchtigkeit enthält, ist es lange lagerfähig. Das gilt auch für ganze getrocknete Blätter. In einem gut schließenden Glasgefäß kann es dann ein Jahr und länger aufbewahrt werden. Es ist empfehlenswert, das für einen gewissen Zeitraum – zum Beispiel einen Monat – zur Verwendung vorgesehene Steviapulver aus dem **Vorratsglas** in ein separates, kleineres Gefäß für den täglichen Bedarf umzufüllen, denn das tägliche Öffnen des Vorratsglases kann zur Folge haben, dass sich die Luftfeuchtigkeit im Steviapulver im Laufe der Zeit merkbar niederschlägt. Feuchtes Pulver ist zur längeren Lagerung nicht geeignet. In feuchtem Pulver können sich Mikroorganismen (u. a. Pilzsporen) ausbreiten, die das Pulver verderben lassen.

Flüssigkonzentrat aus Stevia

Einfach und effizient ist die Herstellung einer konzentrierten wässrigen Lösung aus Stevia. Das geerntete und gewaschene Pflanzenmaterial wird von seinen dicken Stängeln befreit und die Blätter und dünnen Triebteile werden zerschnitten. Anschließend wird alles in einen Topf gegeben und mit Wasser aufgefüllt, bis das gesamte Steviamaterial mit Wasser gut bedeckt ist. Die Steviablätter werden nun **aufgekocht** und anschließend ohne Deckel weiter geköchelt.

Bei diesem Vorgang verdunstet ein großer Teil des Wassers und die verbleibende Flüssigkeit enthält die konzentrierte Süße der Stevia. Dann wird alles durch ein feines Sieb abgegossen, wonach ein grünlich schwarzer **Saft** verbleibt. Nach dem Abkühlen kann dieses Konzentrat in einem verschlossenen Glas einige Wochen im Kühlschrank aufbewahrt und bei Bedarf zum Süßen verwendet werden. Man kann den Saft auch in kleinen Portionen zum Beispiel in Eiswürfelbehältern einfrieren. So hält auch seine Süße sehr lange und es wird nur immer die Menge aufgetaut, die über einen bestimmten Zeitraum verbraucht wird.

Im Backofen getrocknete Steviablätter können problemlos über einen längeren Zeitraum aufbewahrt werden.

Mit Stevia kochen

Jedes Rezept, bei dem Zucker durch das Süßungsmittel Stevia ersetzt werden soll, muss völlig neu zusammengestellt werden, wenn die Kohlenhydrate aus dem Zucker ein wesentlicher Bestandteil der zuzubereitenden Speisen bzw. des Backwerkes sind.

Nur bestes Stevia verwenden

Wegen der starken Süßkraft von Stevia und der zuweilen etwas schwierigen Bemessung der benötigten Menge sollte nach der Zugabe eines Steviaproduktes immer die Süße getestet werden, denn jeder empfindet **Geschmack** anders. Wer stets die gleiche Stevia-Zubereitung verwendet, wird schneller ein Gefühl für die zu verwendenden Mengen bekommen.

Es dürfen nur beste Steviaprodukte mit **hoher Reinheit** verwendet werden. Steviosid sollte einen Reinheitsgrad von mindestens 95 % aufweisen. Dann kann mit Stevia auch ein Süßegefühl im Mund erzeugt werden, das dem des Zuckers entspricht und mit »vollmundig« beschrieben werden kann.

Da die genaue Dosierung mit Steviosid nicht ganz einfach ist, wurde schon dazu geraten, vor der Weiterverarbeitung die Süße zu testen. Es besteht auch die Möglichkeit, mit einer Steviazubereitung zu süßen, die zusätzliche Füllstoffe enthält. Dadurch wird die Süßkraft herabgesetzt und die **Dosierung** wird einfacher. Allerdings erfolgt die Süßung dann nicht einzig durch Steviosid (z. B. GrooVia) und auch nicht völlig kohlenhydratfrei (z. B. Stevita Culinaria).

Beim Kauf von Steviaprodukten immer auf die Qualität achten.

Steviaprodukte

Steviasüße ist in vielerlei Formen und Zubereitungen erhältlich. So gibt es zum Beispiel:

- frische Blätter (grün)
- getrocknete Blätter (dunkelolivgrün)
- getrocknete, pulverisierte Blätter (dunkelgrün)
- wässriges Konzentrat aus Blättern (schwarzgrün)
- alkoholischer Auszug aus Blättern (grünlich)
- Steviosid (weißes Pulver)
- Steviosid flüssig (klare Flüssigkeit)
- Stevia-Tabs (kleine weiße Tablettchen)
- Grovia (weiße Steviamischung, zuckerähnlich)

Verwendete Abkürzungen

l	Liter
g	Gramm
kg	Kilogramm
cl	Zentiliter
ml	Milliliter
Msp	Messerspitze
EL	Esslöffel
TL	Teelöffel
DL	Dosierlöffel (0,1 ml)
BL	Barlöffel
gestr.	gestrichener

Steviaprodukte sind überall erhältlich, wo es auch Zucker und Süßstoffe gibt.

Rezeptideen

Die Rezeptideen wurden speziell für das Süßen mit Stevia zusammengestellt und alle Rezepte von den Autoren getestet. Dennoch sollte während der Zubereitung jeder für sich die bevorzugte Süße ermitteln.

Augustapfeleis mit Heidelbeersoße

Zutaten Eis

500 g Augustäpfel (Kläräpfel), ohne Schale und Kerngehäuse gewogen, 250 ml Wasser, 2 EL Zitronensaft, 1 knapper gestr. TL Steviapulver (Steviosid), 200 ml Milch, 400 g Sahne, 2 Eigelb

Zubereitung Eis

■ Die Äpfel in Spalten schneiden. Mit dem Wasser, dem Zitronensaft und dem Stevia-pulver in einem Topf bei mittlerer Temperatur erhitzen und unter gelegentlichem Umrühren zugedeckt weich kochen. Anschließend pürie-ren und abkühlen lassen. Die Milch mit 200 g Sahne und dem Eigelb verquirlen und unter Rühren aufkochen lassen. Achten Sie bitte darauf, dass für das Eis nur frisches Eigelb verwendet wird. Die Creme vom Herd neh-men, abkühlen lassen, dabei ab und zu um-rühren. Dann mit dem Apfelpüree verrühren. Die verbliebenen 200 g Sahne steif schlagen und ebenfalls unter die Masse heben. Diese abschmecken und gegebenenfalls mit Stevia nachsüßen. Anschließend in eine Eisma-schine geben und unter Rühren erkalten lassen. Wenn keine Eismaschine zur Verfü-gung steht, wird die Masse in ein Plastikgefäß gefüllt, ins Gefrierfach des Kühlschranks ge-stellt und etwa alle 15–20 Minuten mit einer Gabel gut durchgerührt. Noch einmal alles mit dem Handrührgerät durchrühren, sodass zusätzlich Luft eingearbeitet wird und das Eis lockerer wird.

Zutaten Heidelbeersoße

400 g Heidelbeeren, etwas Wasser, 1 gute Msp. Steviapulver

Zubereitung

■ Heidelbeeren waschen, mit etwas Wasser und dem Steviapulver mithilfe eines Pürier-stabs pürieren. Durch ein Sieb in einen Koch-topf passieren, zum Kochen bringen und ca. 1 Minute unter Rühren weiterkochen lassen. Die Soße heiß oder kalt zusammen mit dem Apfeleis servieren.

Mehlpudding mit Johannisbeersoße

Zutaten Mehlpudding

50 g Rosinen, 50 g Korinthen, 30 g Zitronat, 30 g Orangeat, 200 g Weizenmehl, ½ l Milch, 150 g Butter, ⅓ TL Steviapulver, 1 Prise Salz, 4 Eier getrennt, etwas Margarine, Semmelbrösel

Zubereitung

■ Die Rosinen und Korinthen mit kochendem Wasser überbrühen und 5–10 Minuten ziehen lassen, danach in einem Sieb abtropfen lassen. Zitronat und Orangeat ganz fein würfeln. Das Mehl fein sieben und in einen Topf geben, die Milch löffelweise einrühren. Anschließend auf dem Herd unter ständigem Rühren erhitzen, bis sich ein Kloß bildet. Den Topf vom Herd nehmen, die Butter, das Steviapulver, Salz und Eigelb unterrühren. Eiweiß steif schlagen, mit den Rosinen, den Korinthen, dem Zitronat und Orangeat unter den Teig heben.

■ Der Mehlpudding wird in einer Puddingform gebacken. Puddingform mit Margarine leicht einfetten und mit Semmelbröseln ausstreuen. Den Teig in die Form geben, mit dem Deckel verschließen und im heißen, leicht siedenden (nicht kochenden) Wasserbad* in 120–150 Minuten garen. Die Form unter kaltem fließendem Wasser abkühlen,

dann öffnen und weitere 10–15 Minuten abkühlen lassen. Den Pudding auf einen Servierteller stürzen, mit der Johannisbeersoße garnieren und servieren.

Zutaten Johannisbeersoße

300 g rote Johannisbeeren, ⅜ l Wasser, 1 Msp. bis ½ TL Steviapulver (je nach Säuregehalt der Johannisbeeren), 10–15 g Speisestärke

Zubereitung

■ Johannisbeeren waschen, abtropfen lassen und mit einer Gabel von den Rispen streifen, einige Rispen für die Dekoration zurücklegen. Johannisbeeren mit Wasser und Steviapulver aufkochen, zugedeckt ca. 3 Minuten köcheln lassen. Speisestärke mit etwas kaltem Wasser verrühren, die Johannisbeeren damit leicht andicken. Die Soße warm oder kalt über den Mehlpudding geben und mit den restlichen Johannisbeerrispen dekorieren.

---

* Entweder bei kleiner Hitze auf dem Herd in einem zur Hälfte mit Wasser gefüllten Topf oder in der mit Wasser gefüllten Fettpfanne im Backofen.

Quark mit Birnen und Weintrauben

Zutaten

400 g Quark, 1 Msp. Steviapulver,
5 EL Milch, 200 ml Sahne, 4 Birnen,
300 g Weintrauben, Erdbeerkonfitüre

Zubereitung

■ Quark mit Steviapulver und Milch verrühren.
Sahne schlagen und unterrühren. Quarkcreme auf einer tiefen Platte anrichten. Die
Birnen waschen, schälen, halbieren und das
Kerngehäuse entfernen. Birnenhälften in
kochendem Wasser einige Minuten pochie-
ren (ziehen lassen). Die Birnenhälften dann
auf Küchenpapier abtropfen lassen, mit Erdbeerkonfitüre füllen und auf dem Quark anrichten. Weintrauben waschen, mit Küchenpapier trocken tupfen und den Quark damit
garnieren.

■ Alternative: Schokoquark mit Birnen und
Weintrauben. Hier wird der Quarkmasse zusätzlich nur 1 TL fein gesiebtes Kakaopulver
zugefügt. Eventuell wenig mehr Steviapulver
zugeben.

Feurige Tomaten-Gurkensuppe

Zutaten

450 g reife Tomaten, Wasser, 300 g Senfgurken, 1 Zwiebel, 1 l Gemüsebrühe,
500 g passierte Tomaten, 50 g Tomatenmark, jeweils etwas weißer Pfeffer, ge-
rebeltes Basilikum, süßes Paprikapulver,
1 DL Chilipulver, 3 DL Steviapulver,
1 Becher Crème fraîche, 1 TL saure Sahne

Zubereitung

■ Tomaten waschen, den grünen Stielansatz
herausschneiden und die Unterseite der
Tomaten kreuzweise leicht einschneiden, in
kochendem Wasser kurz blanchieren. Die
Tomaten danach kurz mit kaltem Wasser ab-
brausen und enthäuten. Senfgurken schälen,
entkernen, in kleine Würfel schneiden. Zwiebel häuten und klein würfeln.

■ Tomaten, Senfgurken und Zwiebelwürfel pürieren, anschließend in ein Sieb geben und
in einen Topf passieren. Mit der Gemüsebrühe auffüllen, passierte Tomaten und
Tomatenmark zugeben. Alles zum Kochen
bringen, alle Gewürze sowie das Steviapulver
hinzufügen, Crème fraîche unterrühren und
abschmecken. Die Suppe kann heiß oder
auch kalt serviert werden. Mit einem Klacks
saurer Sahne garnieren.

Melonenlimonade

Zutaten

1 Melone z. B. Honigmelone
1–2 DL Steviapulver,
2–3 Dashs (Spritzer) Zitronensaft,
½ l kohlensäurehaltiges Mineralwasser

Zubereitung

■ Melone halbieren, den austretenden Frucht-
saft durch ein Sieb in einem Gefäß auffangen. Die Kerne entfernen. Melone schälen
und in kleine Würfel schneiden, mit einem
Pürierstab pürieren. Das Fruchtmark in ein
Sieb geben, passieren und zum Melonensaft
geben. Man benötigt insgesamt 300 ml
Melonensaft, der in eine größere Glaskanne
gefüllt wird. Zitronensaft und Steviapulver
zugeben und umrühren, bis sich das Steviapulver gelöst hat. Nun das Ganze mit dem
Mineralwasser auffüllen und nochmals umrühren. Die fertige Melonenlimonade kann in
Gläser gefüllt und sofort probiert werden.
Den Rest in eine saubere ausgewaschene
Glasflasche füllen, gut verschließen und bis
zum Verzehr gekühlt aufbewahren.

■ Je nach Melonensorte kann die Mengen-
angabe des Steviapulvers variieren.

Kokosmilch mit Schuss

Zutaten

1 unbehandelte Limette, 100 ml cremige, ungesüßte Kokosmilch, 6 BL Stevia Flüssigextrakt, 10 BL Weinbrand, einige Eiswürfel

Zubereitung

■ Limette waschen und halbieren, 4 Dashs (Spritzer) Limettensaft mit der Kokosmilch, dem Stevia Flüssigextrakt und dem Weinbrand in einen Mixer geben. Darauf achten, dass sich alle Zutaten gut vermischen und cremig werden. In Gläser mit jeweils 2–3 kleinen Eiswürfeln geben und mit je einer Limettenscheibe dekorieren.

TIPP

Kokosmilch ist ein nahrhaftes, stärkendes Getränk. Sie kann auch Currysoßen und anderen Gerichten zugesetzt werden. In ihrer Zusammensetzung ist sie der Muttermilch ähnlich.

Erdbeer-Soufflé

Zutaten

400 g Erdbeeren, 4 Babybananen,
4 Eiweiß, 2 flache Msp. Steviapulver,
abgeriebene Schale einer halben unbehandelten Zitrone, 4 Eigelb, 30 g Speisestärke,
Butter oder Margarine zum Einfetten der
Form

Zubereitung

■ Erdbeeren waschen und entstielen, Bananen
schälen. Das Obst pürieren. Eiweiß in einem
Mixbecher steif schlagen, in eine Schüssel
füllen, Steviapulver, abgeriebene Zitronenschale, Eigelb und das pürierte Fruchtmark
zufügen. Anschließend die Speisestärke vorsichtig unterziehen. Souffléform einfetten,
dann die Masse einfüllen. Die Form sollte
nur zu etwa ¾ gefüllt sein, da Soufflés stark
aufgehen.

■ Im vorgeheizten Backofen ca. 30 Minuten
bei 200 °C backen. Während des Backens
die Backofentür nicht öffnen! Soufflés fallen
leicht zusammen, daher sollten sie sofort
nach dem Backen serviert werden.

Philadelphia-Pfirsiche

Zutaten

400 g Doppelrahm-Frischkäse, etwas
Vanillearoma, 2 Msp. Steviapulver,
1 Prise Salz, 250 ml Sahne, 1 Blatt weiße
Gelatine, Löffelbiskuits zur Dekoration,
7 kleine Pfirsichhälften aus der Dose,
Aprikosenmarmelade, gehackte Pistazien.

Zubereitung

- Frischkäse, Vanillearoma, Steviapulver und
  Salz cremig rühren. Sahne steif schlagen und
  unter die Frischkäsemasse heben. Gelatine
  in warmem Wasser auflösen, gut ausdrücken
  und langsam unter die Käsemasse rühren.
  Die Löffelbiskuits in einer Glasschüssel am

Rand hochkant nebeneinanderstellen. Dann
die Frischkäsemasse einfüllen. Die Pfirsichhälften in einem Sieb abtropfen lassen, mit
der Schnittfläche nach unten auf der Frischkäsemasse verteilen. Aprikosenmarmelade
in einem kleinen Topf erhitzen, die Pfirsichhälften damit bestreichen und mit den ge-
hackten Pistazien bestreuen.

MEIN RAT

Käse gehört zu den wichtigsten Nahrungsmitteln. Frischkäse benötigen
keine Reifung, werden in verschiedenen
Fettstufen hergestellt und eignen sich für
unterschiedlichste Zwecke.

Pikanter Apfel-Meerrettich-Senf

Zutaten

etwa 900 g Äpfel, benötigt werden 600 g
Apfelfruchtfleisch, geschält und entkernt,
500 ml Wasser, 1 Spritzer Zitronensaft,
150 ml Weinessig (5 %-ig), 150 ml Apfelessig, 250 g gelbes Senfmehl, 25 g Salz,
12–15 DL Steviapulver, 1 TL Sahnemeerrettich, 2 EL Rapsöl, 1 DL Chilipulver,
je 1 DL schwarzer und weißer Pfeffer.

Zubereitung

- Äpfel waschen, schälen, entkernen und klein
  würfeln. Mit dem Zitronensaft und 300 ml
  Wasser zum Kochen bringen und unter
  Rühren weich kochen, evtl. noch pürieren.

- 200 ml Wasser mit dem Wein- und dem
  Apfelessig kurz aufkochen und leicht abkühlen lassen. Senfmehl, Sahnemeerrettich und
  Öl mit den übrigen Gewürzen in eine größere Schüssel geben und mit der Flüssigkeit
  auffüllen. Im Mixer 5 Minuten durchmixen.

- Die Senfpaste wird zuerst noch etwas flüssig
  sein. Daher sollten Sie sie noch einige Stunden offen quellen lassen und gelegentlich
  umrühren. Die Schüssel mit der Paste dann
  noch 1–2 Tage mit einem Teller zugedeckt
  im Kühlschrank ziehen lassen. Der Senf
  wird etwas milder und hat dann sein volles
  Aroma entwickelt. Wenn die Konsistenz
  breiig geworden ist, kann der Senf in Gläser
  gefüllt und verschlossen im Kühlschrank
  ca. 4–6 Monate aufbewahrt werden.

Lakritze, selbst gemacht

Zutaten

12 Kohletabletten (Apotheke), 200 g Weizenmehl, 3 gestr. DL Steviapulver (je nach Geschmack auch mehr), 400 ml Wasser, 60 g Süßholz pulverisiert (aus dem Reformhaus, Bioladen, Apotheke)

Zubereitung

Kohletabletten in einem Mörser zerkleinern und beiseitestellen. Mehl sieben, mit dem Steviapulver in einer Schüssel mischen. Kaltes Wasser in einen Topf geben und langsam erwärmen; dabei die zerkleinerten Kohletabletten sowie das mit dem Steviapulver gemischte Mehl und das Süß-holzpulver hinzufügen. Alles einkochen bis ein dicker Kloß entstanden ist. Den Kloß auf einem mit Backpapier ausgelegten Backblech ausrollen. Mit einer Gabel oder einem anderen Küchenutensil, das zum Dekorieren geeignet ist, vorsichtig lange Streifen auf der Oberfläche der Lakritzmasse ziehen. Den Backofen auf 200 °C vorheizen und das Backblech mit der Masse hineingeben. Bei leicht geöffneter Backofentür – einen Holzlöffel-stiel zwischen Herd und Herdklappe klemmen – und einer Thermostateinstellung von 50 °C für 2–2 ½ Stunden trocknen lassen. Zwischendurch kontrollieren. Dann das Backblech aus dem Ofen nehmen und die Lakritze anschließend in Streifen oder kleine Stücke schneiden. Hübsch in Cellophan verpackt, kommt die Lakritze als kleines Mitbringsel oder Geschenk sicher gut an.

Aprikosenpüree mit Quarkcreme

Zutaten für das Aprikosenpüree

300 g Aprikosen, etwas gemahlener Zimt, etwas Wasser, 3–5 Tropfen Stevia Flüssig-extrakt, 1 Blatt weiße Gelatine

Zutaten für die Quarkcreme

300 g Quark, 200 g Créme fraîche, etwas Vanillemark, 1 DL Steviapulver, 200 g Sahne, 1 Blatt weiße Gelatine

Zubereitung

- Aprikosen waschen, entkernen, in kleine Würfel schneiden und in dem mit Stevia gesüßten Wasser aufkochen. Weich köcheln lassen, dann mit einem Pürierstab pürieren. 1 Blatt weiße Gelatine (für warme Speisen) nach Anweisung auflösen und vorsichtig unter die Aprikosenmasse rühren, beiseite stellen und abkühlen lassen.

- Quark mit Crème fraîche, Vanillemark und dem Steviapulver in einer Schüssel vermengen. Sahne steif schlagen und vorsichtig unter die Quarkmasse ziehen. Gelatine (für kalte Speisen) nach Anweisung auflösen und vorsichtig unterrühren.

- Anschließend das Aprikosenpüree und die Quarkcreme im Wechsel in Gläser schichten und servieren.

Kumoi-Kuchen

Zutaten

800 g Kumoi-Früchte (Asiatische Apfelbir-
nen, Nashis), Saft einer Zitrone, 90 g Butter,
8 DL Steviapulver, 3 Eigelb, abgeriebene
Schale einer halben unbehandelten
Zitrone, 300 g Mehl, 1 Päckchen Backpulver, 1–1 ½ Tassen Milch, 3 Eiweiß, Margarine zum Einfetten, Aprikosenmarmelade

Zubereitung

■ Kumois waschen, schälen, halbieren, das
Kerngehäuse entfernen. Die Wölbung der

Fruchthälften längs leicht einschneiden, mit
Zitronensaft beträufeln und beiseite stellen.
Butter, Steviapulver und Eigelb in einer
Schüssel schaumig rühren, abgeriebene
Zitronenschale zufügen. Mehl und Backpulver
sieben und mit der Milch zur Eigelbmasse
geben. Alles im Mixer gut verrühren. Das
Eiweiß steif schlagen und vorsichtig unter-
heben. Den Teig in die vorgefettete Spring-
form füllen. Die Kumoihälften mit der
Wölbung nach oben kreisförmig auf dem
Teig verteilen. Im vorgeheizten Backofen
bei 180 °C ca. 35–40 Minuten backen.
Anschließend die Früchte mit zuvor erhitzter
Aprikosenmarmelade bestreichen.

TIPP

Aus Kumoi-Früchten lassen sich auch
leckere Desserts herstellen. Sie eignen
sich zudem bestens als Ersatz für Koch-
birnen, wie für das im norddeutschen
Raum bekannte und beliebte Gericht
Bohnen, Birnen und Speck. Das weiße,
leicht säuerliche Fruchtfleisch harmoniert
auch sehr gut Käse und Schinken,
eignet sich aber auch als Beilage zu
Wildgerichten.

Quittensaft

Zutaten

3 ½ kg Quitten, 3 ½ l Wasser, 1 gestr.
EL Steviapulver, 1 gestr. EL Apfel-Pektin.

Zubereitung

- Reife, einwandfreie handverlesene Quitten
  mit einem weichen Tuch abreiben, in vier bis
  sechs senkrechte Teile schneiden und vom
  Kerngehäuse befreien. Die Früchte in einen
  Topf geben und mit Wasser angießen. Auf ein
  halbes Kilo Früchte gibt man einen halben
  Liter Wasser. Alles zum Kochen bringen, so

lange kochen lassen, bis die Quitten vollkommen weich sind. Die Fruchtmasse abkühlen
lassen und mit einem Pürierstab pürieren.
Das Fruchtmus durch ein Sieb passieren, dabei den abfließenden Saft in einer großen
Schüssel oder einem großen Topf auffangen.
Die Fruchtreste können mit einem Löffel ausgedrückt werden oder zusätzlich durch ein
sauberes Baumwolltuch ausgepresst werden.
Quittensaft mit dem Steviapulver aufkochen.
Apfel-Pektin in die Flüssigkeit einrühren, den
Saft etwa fünf Minuten leicht einkochen und
abschäumen. Heiß in die vorbereiteten gereinigten Glasflaschen füllen, sofort verschließen
und abkühlen lassen.

Berberitzengelee

Zutaten

300 g reife, getrocknete Berberitzen
(Sauerdorn), ⅜ L Orangensaft,
⅜ l Wasser, etwas Zitronensaft,
2 gestr. TL Steviapulver, 2 TL Stevia-
Flüssigextrakt, 2 ½ EL Apfelpektin

Zubereitung

Da frische Berberitzenfrüchte selten zu bekommen sind, bereiten wir das Gelee aus getrockneten Früchten zu. Berberitzen in ein Sieb
geben und mit kaltem Wasser abspülen. Die
Früchte mit dem Orangensaft und dem Wasser
in einem Topf unter ständigem Rühren zum
Kochen bringen und etwa drei bis fünf Minuten
kochen lassen, dabei das Umrühren nicht vergessen. Abkühlen lassen und anschließend das
Ganze mit dem Pürierstab pürieren. Das Fruchtmus durch ein Sieb passieren und den Saft in
einer Schüssel auffangen. Nun den Berberitzen-
saft mit dem Steviapulver und dem Flüssigextrakt wieder aufkochen. Apfel-Pektin einrühren
und unter ständigem Rühren sprudelnd einkochen, bis der Saft geliert. Gelierprobe folgendermaßen machen: Mit einem Teelöffel eine kleine
Probe des Kochguts entnehmen. Diese lässt
man auf einem Teller erkalten. Beim Schräghal-
ten des Tellers sollte die Masse nicht mehr ver-
laufen, falls doch, muss noch weitergekocht
und die Gelierprobe wiederholt werden. Das
Gelee in die vorbereiteten Gläser füllen und
sofort verschließen. Die Gläser umdrehen und
etwa fünf Minuten kopfüber auf dem Deckel
stehen lassen.

Senfgurken, eingelegt

Zutaten

3 kg feste, reife, gelbe Senfgurken
(Schälgurken), 1 EL Salz, 2 Zwiebeln,
1 Stück frischer Ingwer, 1 Stück frischer
Meerrettich. Gewürze pro Glas: 3 Nelken,
3 Pimentkörner, 10 Pfefferkörner, 3 kleine
Lorbeerblätter, 2 TL Senfkörner, getrocknete Dillspitzen und je nach Jahreszeit
zusätzlich 1 frischer Dillzweig

Für die Essiglösung

3 l Wasser, ¾ l Branntweinessig,
4 Msp. Steviapulver, 50 g Salz

Zubereitung

■ Gurken waschen und schälen, der Länge
nach halbieren, die Kerne und das Mark mit
einem Teelöffel entfernen. Gurkenhälften in
ca. 2–3 cm breite Stücke schneiden, in eine
große Schüssel geben, 1 EL Salz darüber-
streuen. Schüssel mit einem Tuch bedecken
und Gurken über Nacht durchziehen lassen.
Gurken in einem Sieb abtropfen lassen und
anschließend mit einem Tuch abtrocknen.
Zwiebeln schälen, in größere Stücke schneiden. Gurken abwechselnd mit den Zwiebeln
in die zuvor gereinigten Gläser schichten.
Ingwer und Meerrettich schälen, in Stücke
schneiden und mit den übrigen Gewürzen
auf die Gläser verteilen. Zum Schluss jeweils
den Dillzweig obenauf legen.

Zubereitung der Essiglösung

■ Alle Zutaten in einem großen Topf drei bis
fünf Minuten aufkochen lassen und heiß

über die Gurken gießen. Gläser bis etwa 1 cm unter den Rand füllen, sodass die Gurken vollständig mit dem Sud bedeckt sind. Etwas abkühlen lassen, den Sud in den Topf zurückgießen, erneut aufkochen und wieder über die Gurken gießen. Gläser verschließen und einige Minuten umgedreht stehen lassen. Die Gläser sollten an einem kühlen Platz aufbewahrt werden. Die Gurken bis zum Verzehr drei bis vier Wochen ziehen lassen.

Alternative Varianten der Haltbarmachung

- In einen mit Wasser gefüllten Topf die mit den Gurken gefüllten Gläser hineinstellen und das Wasser zum Kochen bringen. Kochzeit ca. 10 Minuten, anschließend Gläser aus dem Topf nehmen, umgedreht aufstellen und abkühlen lassen. Oder die Gläser in der mit 2–3 cm Wasser gefüllten Fettpfanne im

Hinweis zum Einkochen

Alle Gläser, Deckel, Gummiringe usw., die zum Einkochen verwendet werden, müssen zuvor gründlich gereinigt und durch Kochen sterilisiert werden. Gläser und Flaschen für heißes Einmachgut werden vor dem Befüllen auf feuchte Geschirrtücher gestellt, um ein Zerspringen des Glases zu verhindern.

Backofen bei etwa 80 °C für 8–10 Minuten sterilisieren. Danach an einem geeigneten Platz bis zum Verzehr verwahren.
- Übrig gebliebene, noch nicht verwendete Essiglösung kann in Flaschen gefüllt für weitere, später reifende Gurken oder auch andere Rezepte verwendet werden.

Bezugsquellen

Steviaprodukte werden angeboten von:
- Reformhäusern
- Drogerien
- Apotheken
- Bioläden
- Versandhandel
- Wochen- und Pflanzenmärkten
- Gärtnereien und Versandgärtnereien
- Internet

sowie von vielen Geschäften, in denen schon heute Zucker und Süßstoffe erworben werden können.

Einige Internetlinks zu Stevia
- www.bfr.bund.de
- www.deutsche-diabetes-gesellschaft.de
- www.dge.de
- www.dgk.de
- www.diabetesgesellschaft.ch
- www.diabetikerbund.de
- www.eustas.org
- www.freestevia.de
- www.medherbs.de
- www.oedg.org
- www.suedflora.de
- www.yerbabuena-shop.net
- www.zusatzstoffmuseum.de

Literaturhinweise

- Div. Autoren: Gut eingekauft, 2004, Köln, Rewe-Verlag
- Kienle, Udo: Stevia rebaudiana, 2011, Baunach, Spurbuchverlag
- Klock, Monika und Peter: Trendpflanzen – Stevia, Goji, Indianerbanane, 2011, Wien, AV-Verlag
- Klock, Peter: Der wahre Teebaum, 1997, Hamburg, Lagerstroemia Verlag
- Simonsohn, Barbara: Stevia, sündhaft süß und urgesund, 2010, Oberstdorf, Windpferd Verlag
- Speck, Brigitte: Mit Stevia natürlich süßen, 2009, Lenzburg, Fona Verlag
- Spiers, Katie: Naturkosmetik, 1999, Köln, Benedikt Taschen Verlag

Danksagung

Viele Menschen haben uns tatkräftig bei der Erstellung des Manuskriptes für dieses Buch geholfen; wir können sie an dieser Stelle nicht alle persönlich nennen. Dennoch möchten wir den folgenden Personen, stellvertretend für alle anderen, ganz besonders für ihre Hilfe danken.
Herr Peter Grosser (Eustas) half uns bei der Ausstattung des Buches mit Fotoaufnahmen, insbesondere solcher aus Paraguay. Außerdem war er uns ein wichtiger kompetenter Gesprächspartner rund um das Thema Stevia-Anbau und Steviolglykoside. Frau Petra Helmreich aus Paraguay (Fa. YerbaBuena) versorgte uns mit aktuellem Wissen über *Stevia rebaudiana* und informierte uns u.a. über den Stevia-Anbau in Paraguay. Herr Dr. Yaroslav Shevchenko von der TU Berlin, Institut für Lebensmitteltechnologie und Lebensmittelchemie vermittelte uns Informationen über die In-vitro-Vermehrung dieser Pflanzenart. Frau Barbara Simonsohn, Buchautorin und hervorragende Kennerin der Szene, war uns als Gesprächspartnerin zu Themen der gesunden Ernährung eine unersetzliche Hilfe. Auch möchten wir uns für die aufschlussreichen Gespräche mit Herrn Gregor Hilfert vom Pflanzenschutzamt Hamburg bedanken.

Monika, Thorsten und Peter Klock
Hamburg, im Dezember 2011

Bildnachweis

Florapress: Seite 1/Dietz, 100/101, 108
Fotolia/Heike Rau: Seite 2/3, 4 li, 6/7, Fotolia/Monomakela: Seite 43; Fotolia/PhotoSG: Seite 40/41; Fotolia/Pixelot: Seite 54/55; Fotolia/Sabine Teichert: Seite 78
Peter Grosser: Seite 34, 64, 74, 80, 102
Peter Grosser/CAPASTE: Seite 36, 38
Peggy Hesse-Sommer. Seite 82
Monika Klock: Seite 4 re, 5 re, 8, 10, 13, 15, 16, 18, 23, 24, 27, 28/29, 31, 33, 39, 44, 47, 52, 56, 60, 62/ 63, 67, 68, 71, 77, 83, 84, 85, 86, 88, 90, 105, 106/107, 109, 116, 118, 123
Peter Klock: Seite 5 li, 21, 51, 70, 72, 92, 94, 95, 96, 97, 98, 104
Yaroslav Shevchenko: Seite 99
StockFood.com/Arras Klaus: S. 115
StockFood.com/Bonisolli, Barbara: S. 114
StockFood.com/Eising Studio - Food Photo & Video: S. 111, 117, 120
StockFood.com/Ellert L.: S. 119
StockFood.com/Food Image Source/Jeffery Green: S. 113
StockFood.com/Strauss F.: S. 121

Stichwortverzeichnis

Über die Autoren

Peter Klock betreibt zusammen mit seiner Frau **Monika Klock** seit 1980 die Baumschule und Gärtnerei Südflora. Ihr besonderes Interesse gilt Topfobstgehölzen, Zitruspflanzen und weiteren Kübelpflanzen sowie exotischen Obst- und Ziergehölzen. Peter Klock ist Autor mehrerer Bücher und Fachartikel in Zeitschriften, er hält Kurse und Vorträge an Volkshochschulen und in Botanischen Gärten ab, u. a. zu den Themen Schnitt und Veredlung sowie zu speziellen Pflanzenthemen. **Thorsten Klock** studierte nach seiner Gärtnerlehre Gartenbau und übernahm im Jahre 2011 den elterlichen Betrieb. Inzwischen arbeiten die drei Autoren gemeinsam an Veröffentlichungen zu aktuellen Themen des Gartenbaus. Weitere Informationen unter www.suedflora.de

Impressum

Bibliografische Information der Deutschen Nationalbibliothek

Die Deutsche Nationalbibliothek verzeichnet diese Publikation in der Deutschen Nationalbibliografie; detaillierte bibliografische Daten sind im Internet über http://dnb.d-nb.de abrufbar.

BLV Buchverlag
GmbH & Co. KG

80797 München

© 2012 BLV Buchverlag GmbH & Co. KG, München

Umschlagkonzeption: Kochan & Partner, München
Umschlagfotos:
Vorderseite: mauritius images/agc;
Rückseite: fotolia/Heike Rau

Programmleitung Garten: Dr. Thomas Hagen
Lektorat: Wolfgang Funke, Augsburg
Herstellung: Ruth Bost
Satz und Layout: Uhl + Massopust, Aalen

Gedruckt auf chlorfrei gebleichtem Papier

Printed in Germany
ISBN 978-3-8354-0962-0

Hinweis
Das vorliegende Buch wurde sorgfältig erarbeitet. Dennoch erfolgen alle Angaben ohne Gewähr. Weder Autoren noch Verlag können für eventuelle Nachteile oder Schäden, die aus den im Buch vorgestellten Informationen resultieren, eine Haftung übernehmen.

ANDECHSER
NATUR

SEIT 1908 ®

Die süße Innovation.

- mit der natürlichen Süße der Stevia-Pflanze
- fein-herber Geschmack
- fruchtiger Genuss

www.andechser-natur.de

Saisonal einkaufen, richtig lagern, bewusst genießen

Sabine Huth-Rauschenbach
Die moderne Speisekammer
Bewährtes Küchenwissen – neu entdeckt · Für alle, die den Wert
guter Lebensmittel schätzen und Verschwendung vermeiden ·
Qualität zählt: Produkte der Saison kaufen, Vorratshaltung heute,
gesunde Resteküche für Genießer mit vielen Rezepten.
ISBN 978-3-8354-0819-7